일식복어 조리기능사

실기

이승철, 김욱진 공저

다락원

머리말

일식복어조리기능사 실기시험에 대한 고민을 한방에 날려버려 주자는 마음을 담아…

"일식조리에 대한 어려운 기술을 정확하고 신속하게 습득할 수 있게 서두에 수록하였다."

기존에 출간된 일식복어조리기능사 실기시험 교재와 차별화를 두고 수험자의 일식자격취득에 대한 고충을 최대한 반영하여 본 교재의 앞에 반드시 숙지해야 하는 일식기초 조리기술을 수록하였다. 일식기초 조리기술을 단계별로 사진과 함께 수록하여 수험자의 이해를 돕고 조리기술향상과 자격증 취득에 목적을 두었다. 또한 정확한 기술의 연마를 위해 동영상을 제공하여 훌륭한 일식조리사가 될 수 있는 발판을 제공하였다.

"저자의 오랜 현장경험에서의 노하우와 실기 지도, 現감독위원의 평가기준을 바탕으로 학생들의 눈높이에 맞춘 체계적이고 자세한 설명을 하였다."

특1급호텔에서의 20년간 실무경력과 현직 외식조리학과 교수로 후학양성, 현장 직업계고등학교 조리교육 부장교사의 경험을 최대한 살려 일식의 기본적인 기초기술인 썰기, 포 뜨기, 어패류 손질요령, 채소 손질법, 복어전처리, 회 뜨기 등의 일식조리사라면 반드시 숙지해야 할 다양한 실기기술에 대한 설명을 자세하게 하였다. 또한 실수하기 쉬운 부분의 조리과정의 팁은 '체크포인트'와 '여기서 잠깐'으로 제시하였다.

"과제별 소스 비율 제시와 완성도 높은 레시피를 수록하였다."

과제별 체크포인트와 고득점을 받는 요령, 실수 방지를 위한 자세한 부연설명으로 수험자의 합격률을 높힐 수 있게 하였다. 일본요리는 색, 맛, 담기를 다른 요리보다 강조하고 있어, 본 교재에서는 완성도를 높이기 위한 방안으로 과제별 기본적 소스 비율을 제시하여 수험자에게 완성된 작품의 색감과 맛에 대해 빠른 시간에 숙지할 수 있는 레시피를 수록하였다.

"마부위침(磨斧爲針)이라는 사자성어를 기억하며…"

'도끼를 갈아 바늘을 만든다'는 마부위침(磨斧爲針)이라는 말처럼 일식복어조리기능사 실기 자격의 취득은 중도에 포기하지 않고 힘들더라도 갈고 닦는 인내와 끈기를 갖고 연습을 하는 것이 가장 중요하다.

본 교재가 수험자분들에게 많은 도움이 되길 바라며 여러분의 합격을 기원한다.

저자 씀

이 책의 활용법

1 시험시간 체크!
쉬운 것부터 차근차근 학습한다!

2 동영상 QR코드!
각 과제별 동영상을 바로 볼 수 있다!

3 크게보자! 완성작!
시간 안에 담는 것만큼 예쁘게 담는 것도 중요하다!

4 자주 출제되는 짝꿍과제!
출제되는 두 과제는 시험시간에 따라 결정된다. 함께 연습하여 손에 익히자!

5 꼭꼭 체크 요구사항!
규격, 제출량 등 요구사항을 반드시 암기하자!

20분
소고기간장구이
ぎゅうにくのてりやき — 규니꾸노데리야끼
짝꿍과제
생선초밥 40분 119p
도미머리맑은국 30분 114p
달걀찜 30분 81p
달걀말이 25분 71p
요구사항
❶ 양념간장(다레)과 생강채(하리쇼가)를 준비하시오.
❷ 소고기를 두께 1.5cm, 길이 3cm로 자르시오.
❸ 프라이팬에 구이를 한 다음 양념간장(다레)을 발라 완성하시오.
48 일식복어조리기능사 실기

조리준비

조리 시작 전 소스 비율과 손질법을 숙지할 수 있습니다.

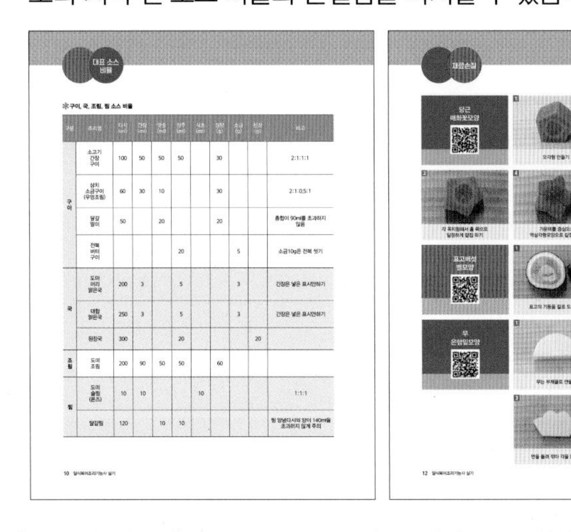

시험안내

정확한 시험 정보를 안내합니다.

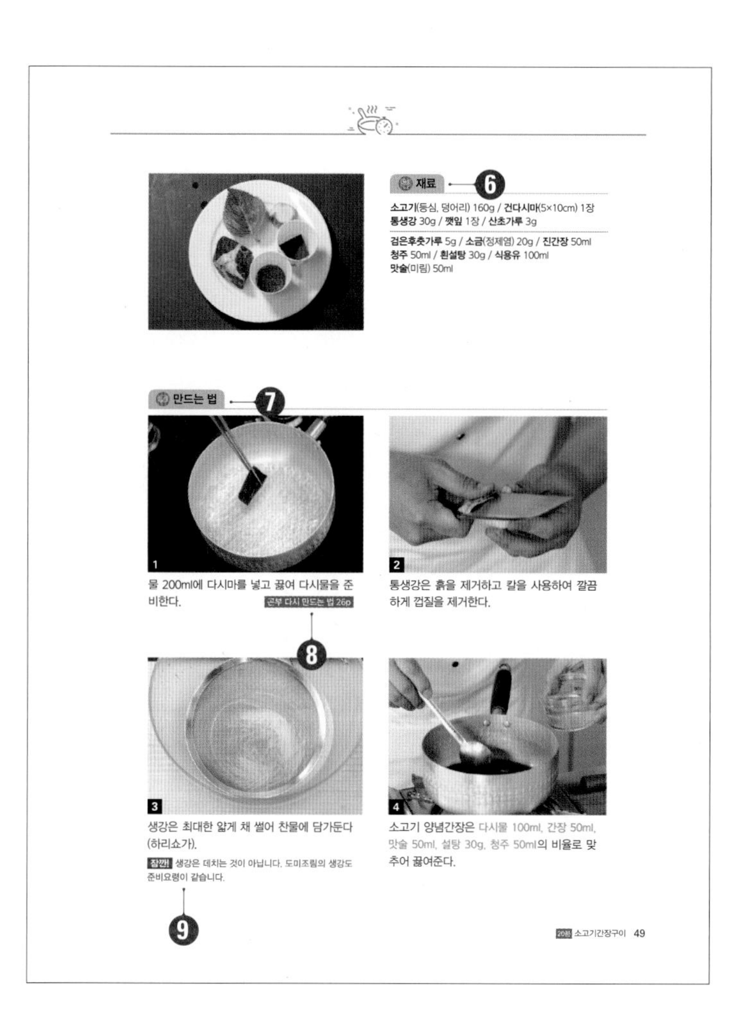
재료 ❻

소고기(등심, 덩어리) 160g / 건다시마(5×10cm) 1장
통생강 30g / 깻잎 1장 / 산초가루 3g

검은후춧가루 5g / 소금(정제염) 20g / 진간장 50ml
청주 50ml / 흰설탕 30g / 식용유 100ml
맛술(미림) 50ml

만드는 법 ❼

1 물 200ml에 다시마를 넣고 끓여 다시물을 준비한다. 곤부 다시 만드는 법 26p ❽

2 통생강은 흙을 제거하고 칼을 사용하여 깔끔하게 껍질을 제거한다.

3 생강은 최대한 얇게 채 썰어 찬물에 담가둔다(하리쇼가).
잠깐! 생강은 데치는 것이 아닙니다. 도미조림의 생강도 준비요령이 같습니다. ❾

4 소고기 양념간장은 다시물 100ml, 간장 50ml, 맛술 50ml, 설탕 30g, 청주 50ml의 비율로 맞추어 끓여준다.

20분 소고기간장구이 49

6 재료 잘 챙기기!

재료를 꼼꼼히 암기해 시험장에서 빠트리지 않기!

7 상세한 요리 과정!

사진을 따라가면 요리 과정이 한눈에 읽힌다!

8 꼼꼼히 보기!

기본 과정이 헷갈린다면 자세한 설명으로 다시보자!

9 저자의 팁!

좀 더 쉽게, 좀 더 정확하게, 저자가 주는 팁을 참고하자!

혼공비법 실전 6가지

두 과제를 제한 시간 안에 할 수 있는 비법을 제시합니다.

레시피 요약!

점선을 따라 잘라 활용하는 레시피 요약집을 제공합니다.

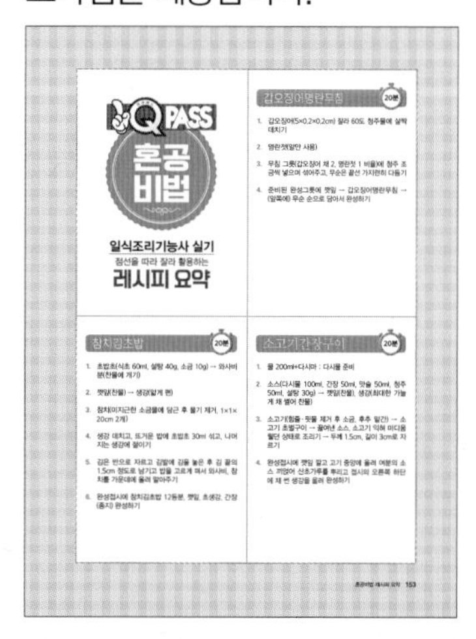

실기시험 합격비법

1 가장 먼저 과제의 국물을 체크하고 완성하기

두 가지 과제를 하려면 다시물이 다시마만 사용인지 가다랑어포도 같이 사용하는 것인지 헷갈릴 수 있어요. 만일 다를 경우는 먼저 찬물로 다시마를 끓일 때 두 과제 국물 양을 체크하여 끓이고 다시마물을 먼저 뽑고, 여분의 다시마물에 가다랑어포를 넣어 국물을 뽑아내세요.
여기서 잠깐!! 두 과제의 필요한 다시물 양을 체크하여 물의 양을 조절하세요.

2 물을 먼저 끓이고 채소 손질, 어패류는 나중에 손질하기

냄비에 물을 올리고 데칠 준비를 하고 나서 채소 손질을 하세요. 채소는 당근, 무, 죽순, 배추, 표고 순으로 손질하세요. 데친 채소를 건져 낼 때는 찬물을 따로 준비하여 체로 건져 담가 놓아야 조리 시간이 많이 절약됩니다. 어패류의 손질 시에는 반드시 도마의 물기를 제거하여 위생적으로 사용하세요.

3 요구사항의 소스를 체크하여 양념과 양념장 먼저 완성하기

찜의 경우는 양념(레몬, 실파, 빨간 무즙)과 양념장(폰즈 : 다시물1, 식초1, 간장1)을 숙지하세요.
과제를 하다보면 시간에 쫓기거나 깜빡하는 경우가 생겨 양념을 제출 못하거나 소홀히 하기 쉬우니 반드시 채소 조리 시 같이 준비하세요.

4 도미과제의 경우에는 요구사항을 반드시 확인해서 포 뜨기 체크하기

도미술찜은 3장 뜨기 하여 뼈는 제거하고 살과 꼬리 머리만 사용하고, 도미조림은 2장 뜨기로 뼈도 같이 조리용으로 준비하세요. 도미머리맑은국은 반드시 머리만 사용하고, 도미머리는 모든 과제에 사용하니 반드시 손질법을 숙지하세요. 도미술찜의 경우는 양념과 양념장(폰즈)을 같이 제출합니다.

5 조리과정 중 먼저 넣을 재료와 나중에 넣을 재료 체크하기

달걀찜의 재료 중 레몬(오리발모양), 쑥갓 잎은 찌고 난 후, 위에 고명으로 올려주고, 나머지 내용물은 달걀물과 같이 쪄주세요. 찜과 맑은 국의 팽이버섯과 쑥갓은 고명으로 제출하기 전에 넣어 최대한 색을 살려서 제출하세요.

6 과제별 생강 손질법 숙지하기

과제별 생강 조리 시 헷갈리기 쉬우니 초밥류 과제(김초밥, 생선초밥, 참치김초밥)의 경우는 편 썰어 데쳐서 초생강 만들기를 해 주세요. 소고기간장구이와 도미조림의 경우는 채 썰어 찬물에 3~4회 헹구어 준비해 주세요.

7 달걀과제의 경우 양념다시 양 숙지하기

달걀찜은 달걀 1개+양념다시 120ml이고, 달걀말이는 달걀 6개+ 양념다시 50ml가 들어가 헷갈릴 수 있으니 주의하세요. 두 과제 모두 달걀 물을 거를 때 체 망의 구멍간격이 넓은 체로 걸러 시간을 절약해 주세요.

8 초밥양념을 식초 3, 설탕 2, 소금 0.5의 비율로 맞추어 생강초 절임에도 활용하기

초밥양념은 계량스푼 식초 3, 설탕 2, 소금 0.5의 비율로 맞춰 녹여 2/3은 밥에 섞어주고, 나머지는 초생강을 만드는 데 사용하세요. 삼치소금구이의 절임 무 담금에도 같은 비율로 맞춰서 사용하세요.

9 복어과제는 복어 손질을 먼저하고 채소와 양념을 손질 및 조리하기

채소 준비 시 양념재료도 같이 준비하여 시간을 절약해주세요. 시작 전 지급받은 복어의 크기가 작거나, 냄새가 심하면 교체해 달라고 하세요.

10 복어 부위별 명칭 지필시험 반드시 숙지하기

2020년 복어조리기능사 실기시험부터 복어 부위별 명칭 지필시험을 시행합니다. 배점이 5점이지만 감점을 받아서는 안 되겠지요. 반드시 시험 전에 먼저 해볼 수 있도록 하세요.

일식조리 한 눈에 보기

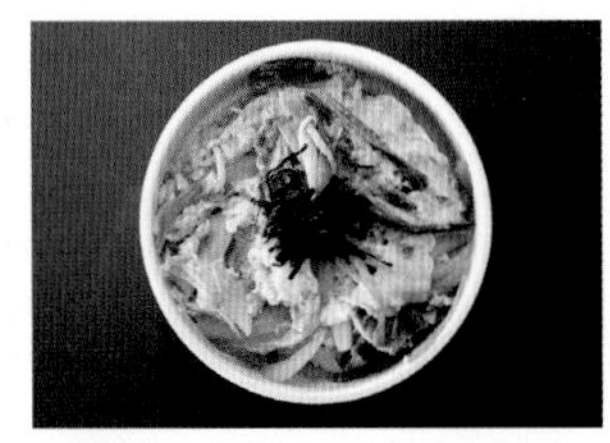

복어조리 한 눈에 보기

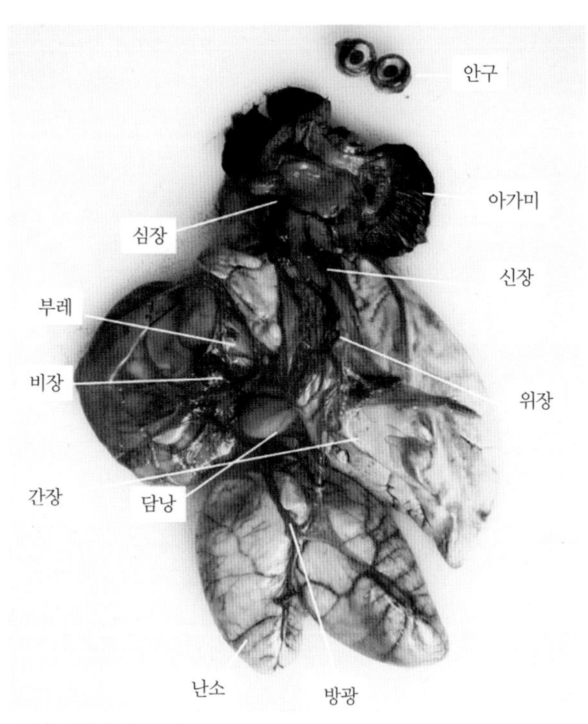

복어부위감별 _132

복어회 · 복어껍질초회 · 복어죽 _134

차례

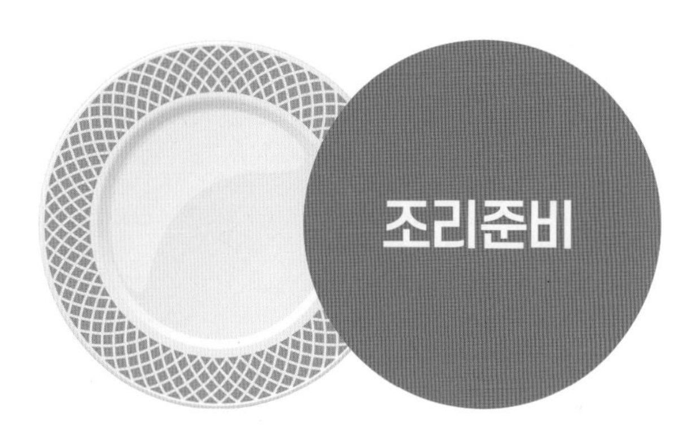

대표 소스 비율
당근 매화꽃모양 썰기법
표고버섯 별모양 썰기법
무 은행잎모양 썰기법
오이 줄무늬(자바라) 썰기법
배추말이 만드는 법
무 국화꽃모양 만드는 법
레몬 오리발모양 만드는 법
삼치 손질법
도미 손질법
문어 손질법

해삼 손질법
전복 손질법
갑오징어 손질법
기본 야꾸미 만드는 법
곤부 다시 만드는 법
1번 다시 만드는 법
초밥 짓는 법
복어 전처리 법
복어 껍질 진처리 및 가시 제거 법
복어회 전처리 법

대표 소스 비율

✻ 구이, 국, 조림, 찜 소스 비율

구분	조리명	다시 (ml)	간장 (ml)	맛술 (ml)	청주 (ml)	식초 (ml)	설탕 (g)	소금 (g)	된장 (g)	비고
구이	소고기 간장 구이	100	50	50	50		30			2:1:1:1
	삼치 소금구이 (우엉조림)	60	30	10			30			2:1:0.5:1
	달걀 말이	50		20			20			총합이 90ml를 초과하지 않음
	전복 버터 구이				20			5		소금10g은 전복 씻기
국	도미 머리 맑은국	200	3		5			3		간장은 넣은 표시만하기
	대합 맑은국	250	3		5			3		간장은 넣은 표시만하기
	된장국	300			20				20	
조림	도미 조림	200	90	50	50		60			
찜	도미 술찜 (폰즈)	10	10			10				1:1:1
	달걀찜	120		10	10					찜 양념다시의 양이 140ml을 초과하지 않게 주의

❋ 면, 덮밥, 초회, 초밥, 무침 소스 비율

구분	조리명	다시 (ml)	간장 (ml)	맛술 (ml)	청주 (ml)	식초 (ml)	설탕 (g)	소금 (g)	된장 (g)	비고
면	우동 볶음		20	40	20					참기름 첨가
	메밀 국수	210	30	10	15		25			약 7:1:1:1
덮밥	소고기 덮밥	75	15	15			10	2		5:1:1:1
초회	해삼 초회 (폰즈)	10	10			10				1:1:1
	문어 초회	90	15			15	10			6:1:1:1
초밥	참치 김초밥					60	40	10		3:2:0.5
	김초밥					60	40	10		3:2:0.5
	생선 초밥					60	40	10		3:2:0.5
회	복어회	10	10			10				1:1:1
무침	갑오징어 명란무침				10					무칠 때 및 데칠 때 사용

오각형 만들기

면과 면 사이에 칼집내기

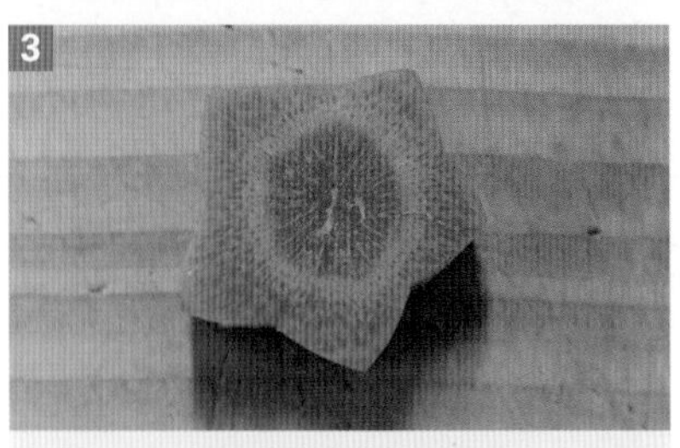

각 꼭지점에서 홈 쪽으로
일정하게 칼집 파기

가운데를 중심으로
역삼각형모양으로 칼집 넣기

칼집 넣은 부분을 제거하여 완성

표고의 기둥을 칼로 도려내기

기울여 대칭으로 칼집 넣어
별모양 만들기

무 은행잎모양

1 무는 부채꼴로 만들기

2 가운데 홈을 파고 같은 방법으로 가운데를 중심으로 양쪽에 칼집을 넣기

3 면을 돌려 깎아 각을 없애기

오이 줄무늬 썰기 (자바라)

1 오이는 가시를 제거하고 소금으로 문질러 깨끗이 씻기

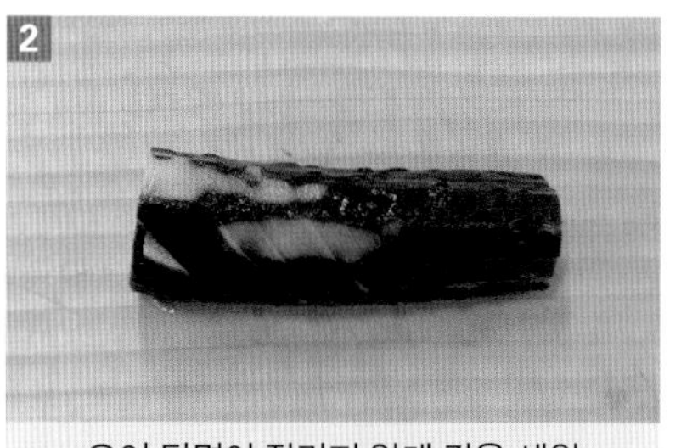

2 오이 단면이 잘리지 않게 칼을 세워 사선으로 칼집을 양쪽에 일정하게 넣기

3 소금 또는 소금물에 절여 놓기

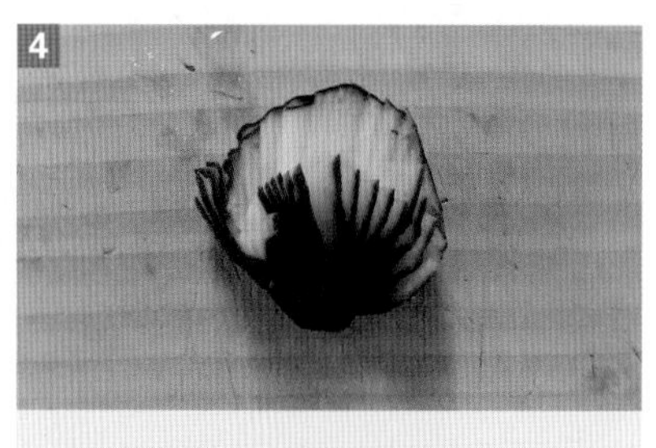

4 절인 오이 씻고 자르기

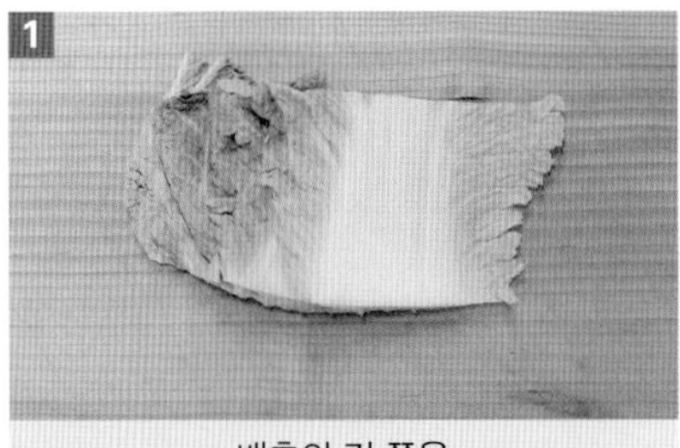

배추의 긴 쪽을
2~3등분으로 자르기

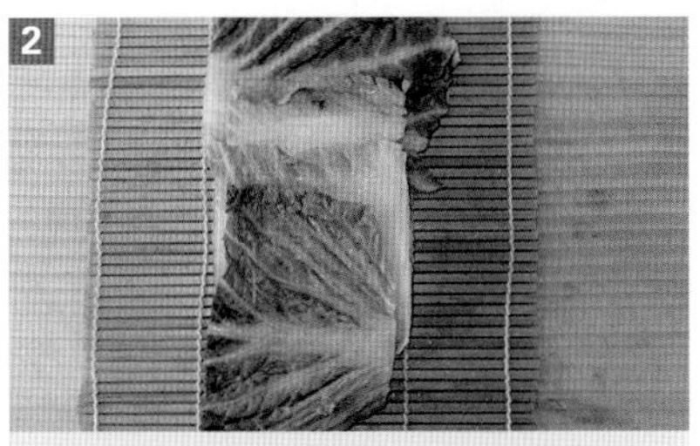

자른 배추를 데친 다음
김발에 3cm 간격으로 겹치게 놓기

쑥갓대 또는 실파, 대파 줄기를 올리기

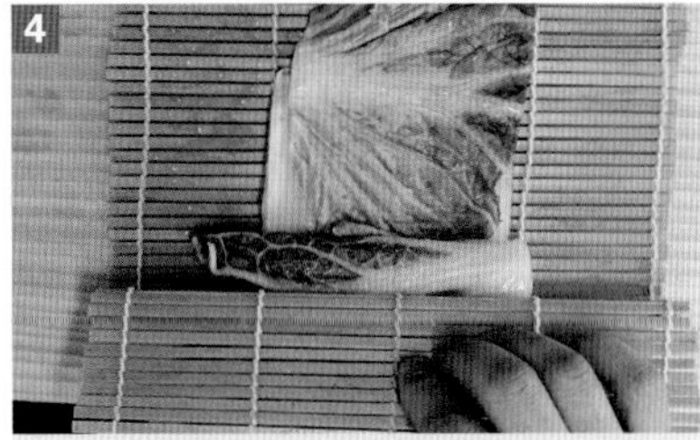

김발 끝이 실파, 대파 줄기를
감싸게 말기

전체를 돌돌 단단하게 말기

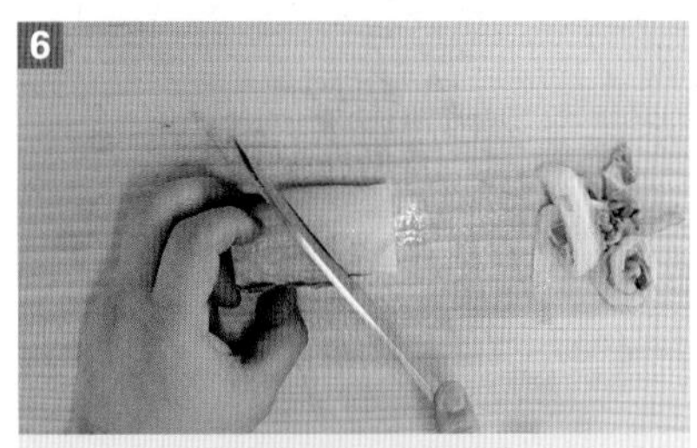

말은 배추를 어슷하게
2등분하여 썰기

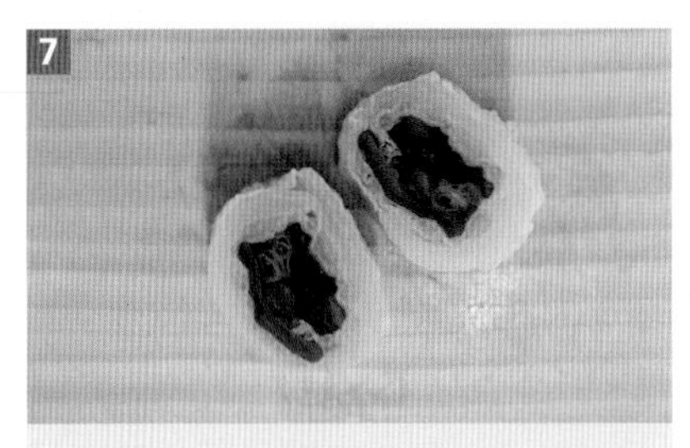

배추말이 완성

무 국화꽃모양

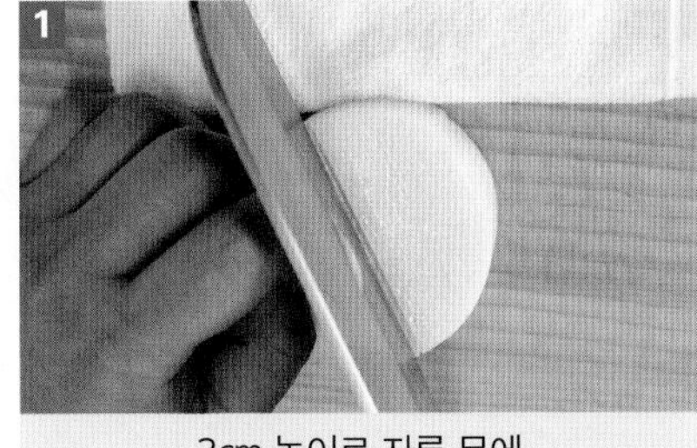

3cm 높이로 자른 무에
잔 칼집을 세밀하게 넣기

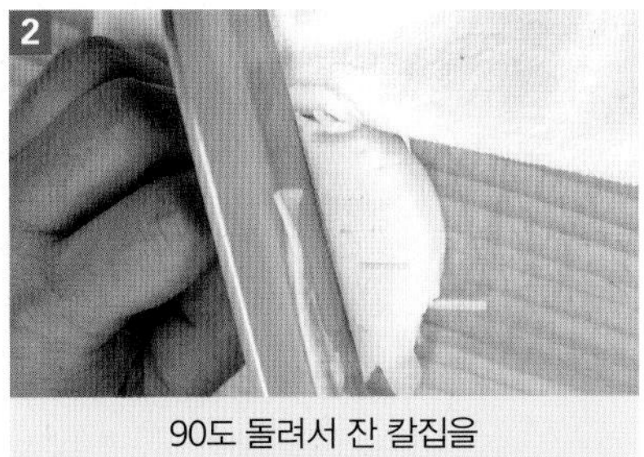

90도 돌려서 잔 칼집을
세밀하게 넣기

소금에 절이기

물로 씻어 단촛물에 담그기

레몬 오리발모양

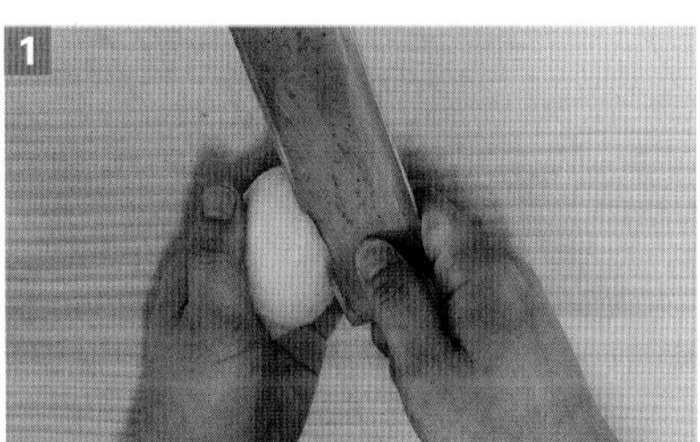

레몬을 잡고 칼을 껍질에 대기

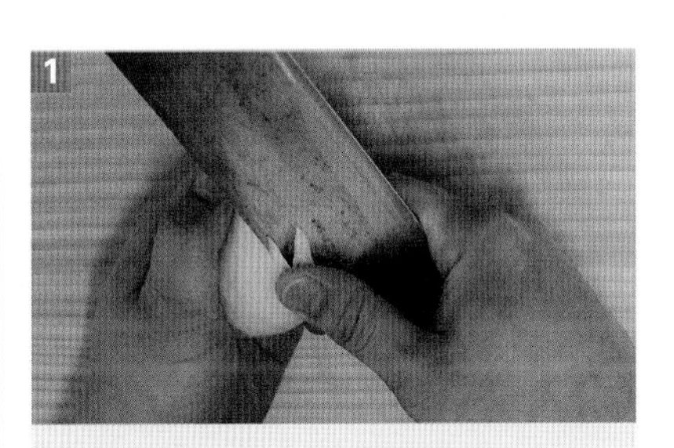

오리발 모양으로 밀고 당기기

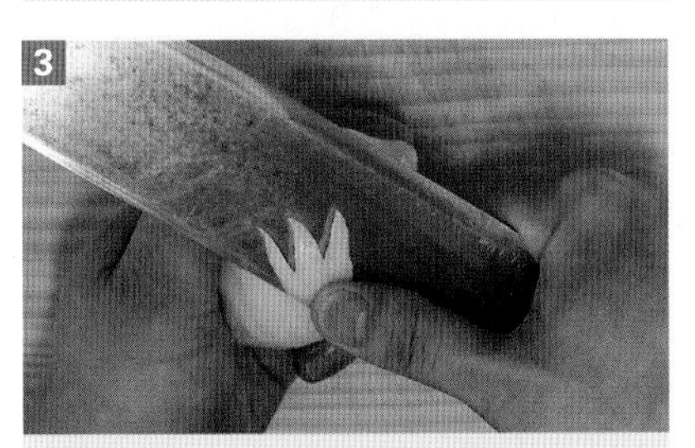

마지막 오리발 완성 모양으로
칼집 내기

삼치 손질법

삼치의 머리에 칼집을 넣기

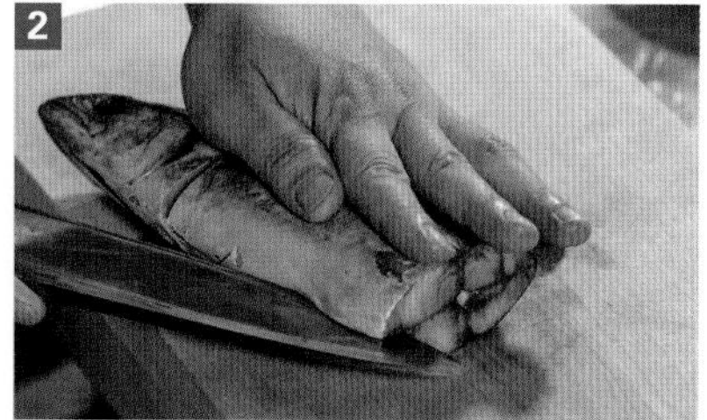

내장 제거를 위해 배쪽에 칼집넣기

머리 부분을 자르고
내장 제거하기

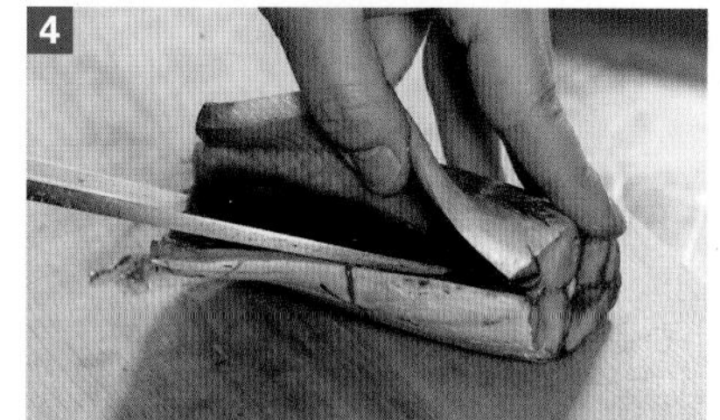

내장 속의 핏덩어리를 제거하기
위해 칼집 넣기

흐르는 물에 핏덩어리 제거하기

면보로 감싸 물기 제거하기

배쪽부터 칼집 넣어 포 뜨기

등쪽 칼집 넣기

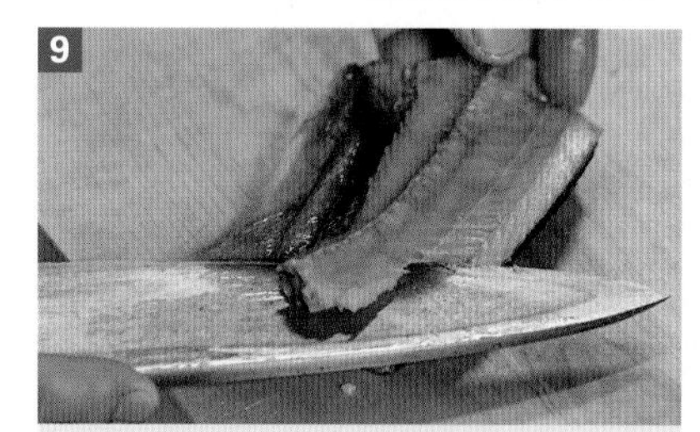

위쪽 중앙 쪽에 칼집 넣어 포뜨기

등쪽의 가시 제거하기

갈비뼈 제거하기

일자모양으로 껍질에
잔 칼집 넣기

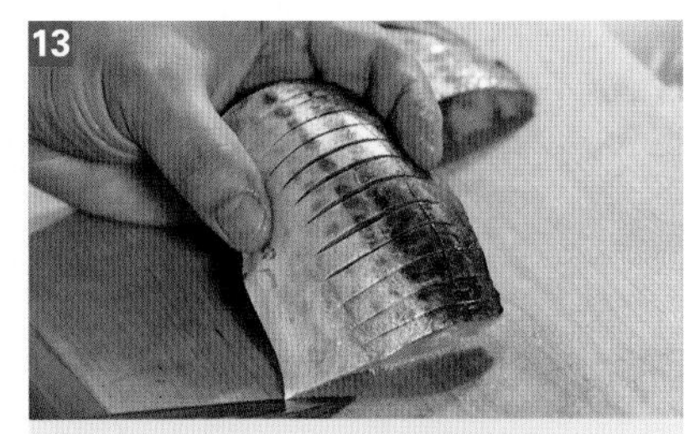

일자모양 잔 칼집 완성

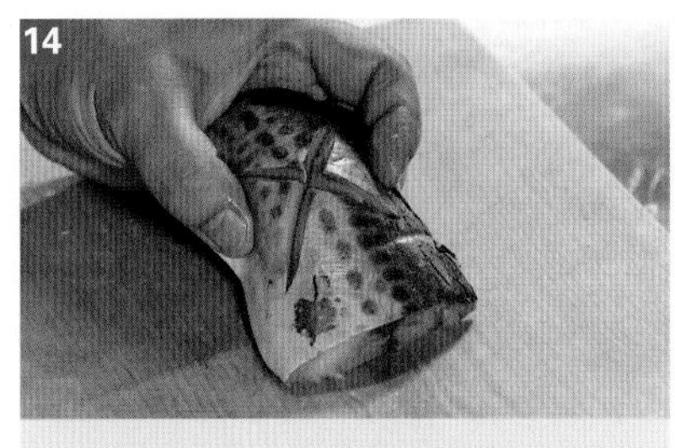

X모양으로 껍질에 잔 칼집넣기

접시에 소금 뿌려놓기

삼치 얹고 위쪽에 소금간하기

물로 소금기 제거하기

꼬챙이 꿰기(V자 모양 기억하기)

도미 손질법

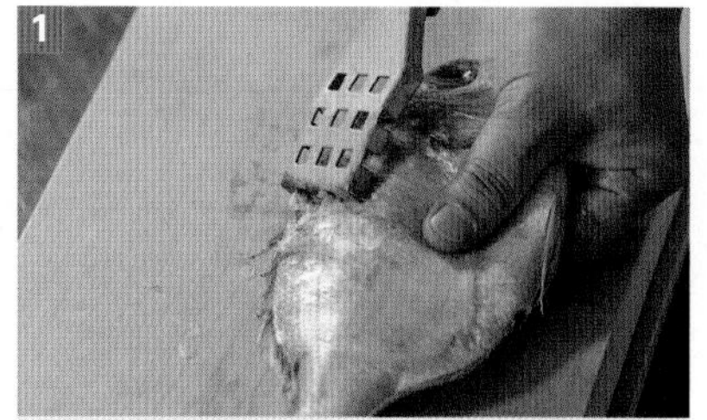

1 도미는 깨끗이 씻어 비늘제거칼 또는 숟가락을 이용해서 비늘을 벗겨주기(비늘 제거)

2 머리는 오른쪽에 두고 아가미를 잡고 앞쪽에 붙어있는 부분을 떼어주기

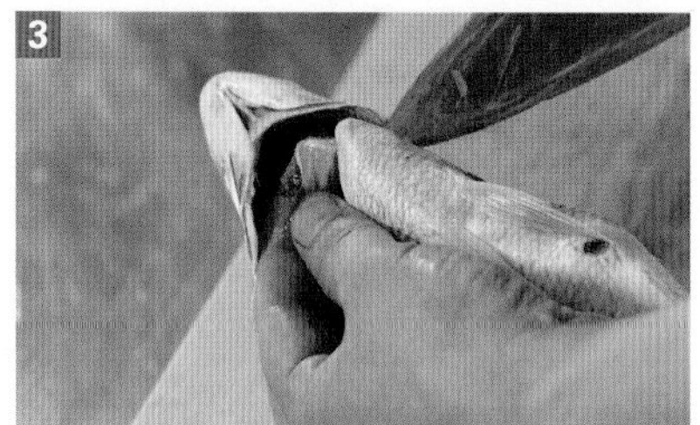

3 아가미를 잡고 위쪽에 붙어있는 부분을 잘라주기

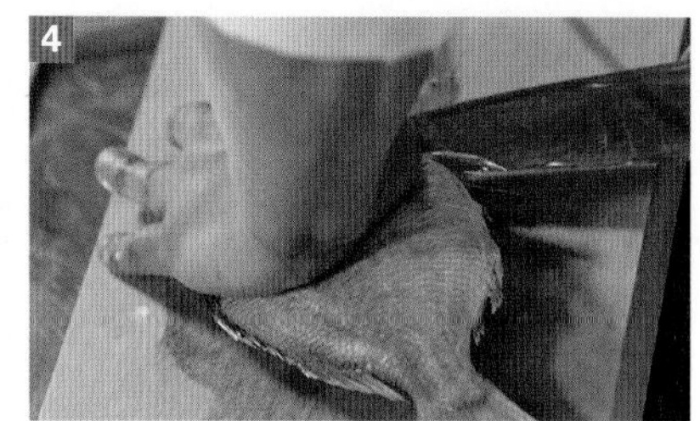

4 배쪽에 칼집을 넣어주기

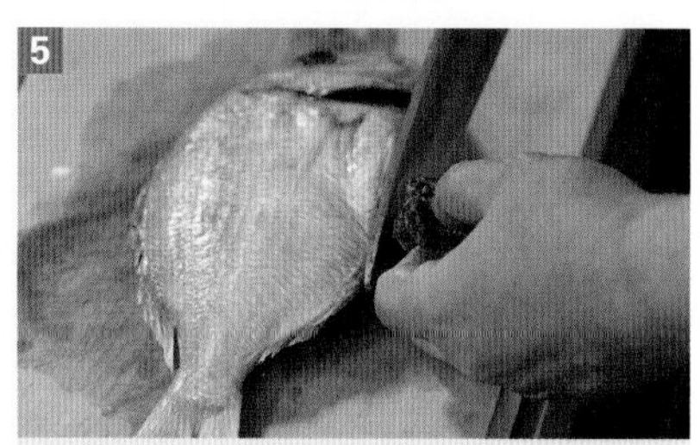

5 아가미를 손으로 잡고 칼을 고정하여 내장과 같이 제거하기

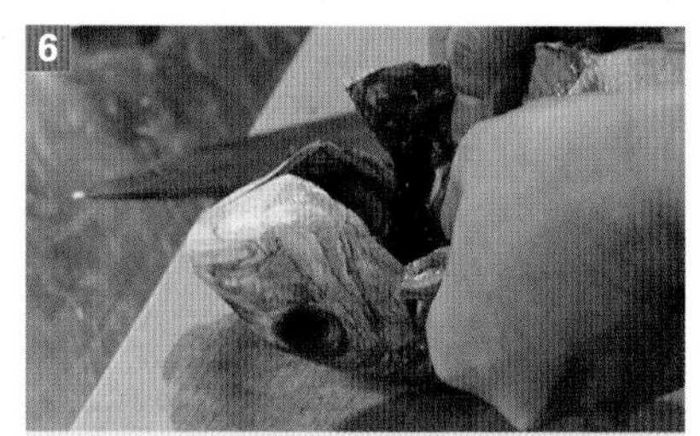

6 내장 제거 후 배속 뼈에 칼집을 넣어 피덩어리를 제거하기(핏덩어리 제거)

7 머리 자르기

8 머리를 반 가르기 위해 이빨사이에 칼집넣어 머리부분 반 가르기(머리손질)

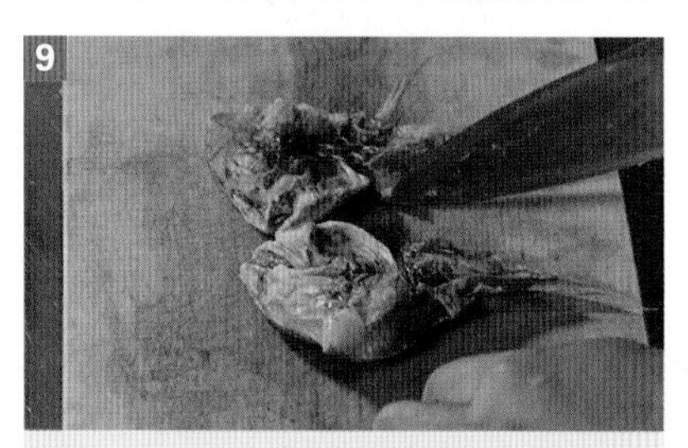

9 머리 반을 가르고 턱 부분 자르기

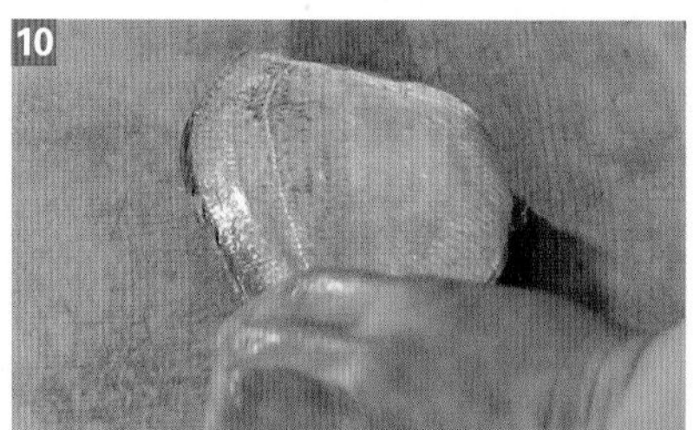

10 몸통은 흐르는 물에 씻어 피를 제거하고 물기를 제거하기

11 꼬리부분을 잘라 지느러미를 V모양으로 정리하여 살 부분에 X자 칼집 넣기

12 2장 뜨기(도미조림, 도미냄비)

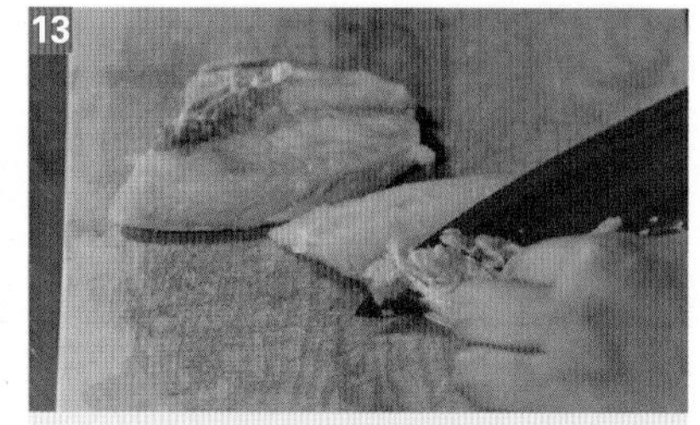

13 3장 뜨기(도미술찜)

14 도미 부위별로 소금을 뿌리고 간하기

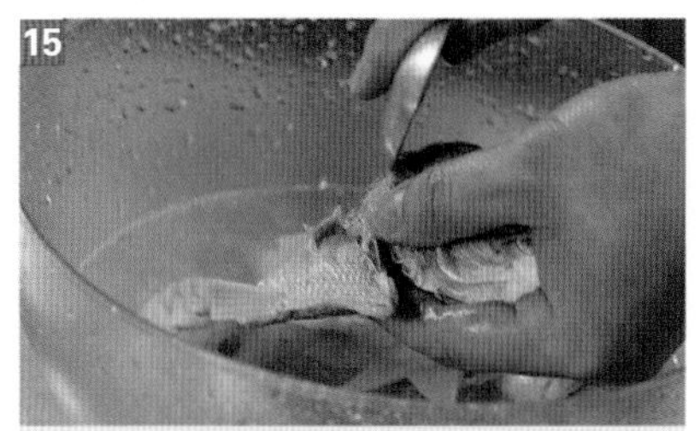

끓은 물로 전처리한 후에
다시 비늘을 제거(전처리 과정)

각 과제별로 도미를 용도에
맞게 사용하기

문어 손질법

1

문어의 다리부분을 소금으로
문질러 불순물을 제거하기

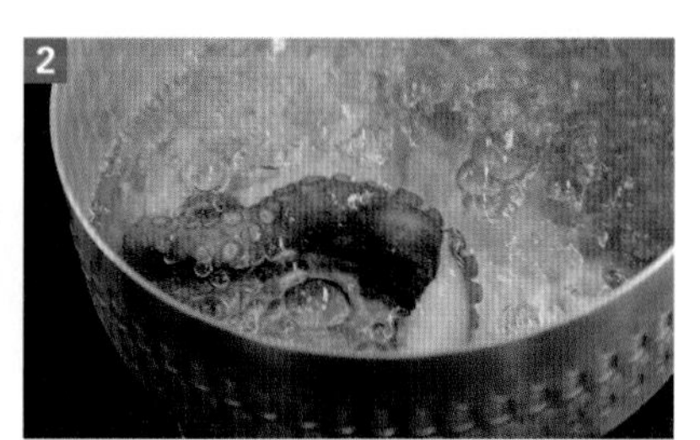

끓는 물에 간장을 넣어 옅은 색을 맞추고
문어를 삶기(4~5분 시험장용)

삶은 문어를 식히기

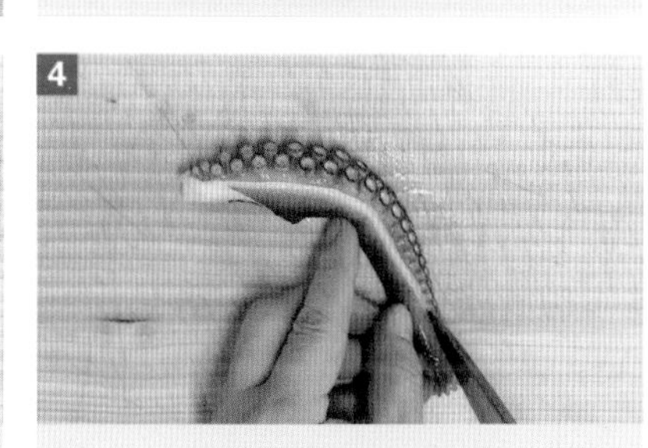

문어 촉수주변 칼집넣기

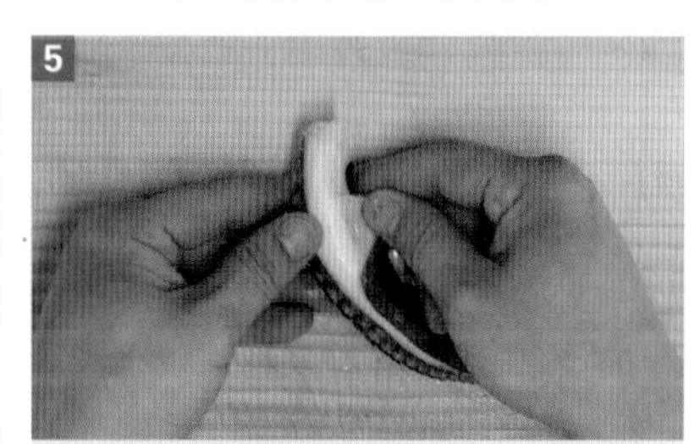

껍질을 손 또는 칼등으로
벗겨내기

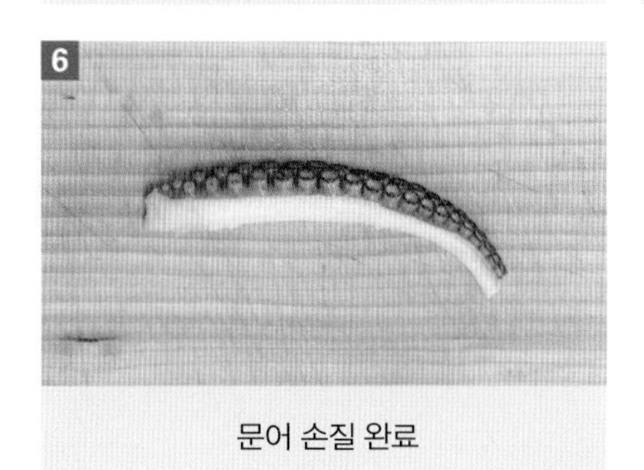

문어 손질 완료

해삼의 양끝을 자르고
칼집을 넣기

해삼을 펼쳐서 내장과 모래를
제거하고 양끝(입, 항문)을 제거하기

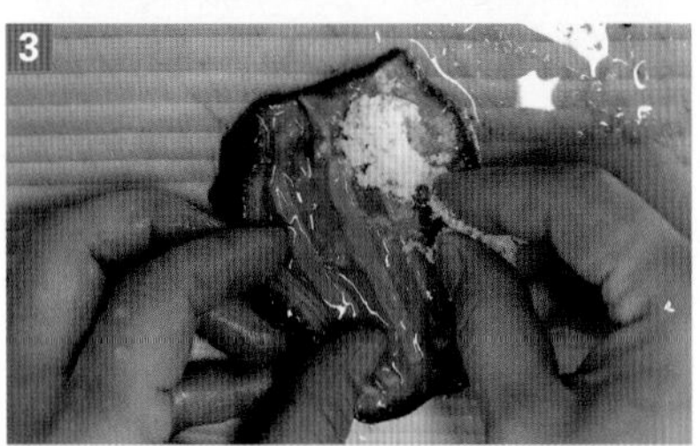

해삼의 안쪽 막을 제거하기(소금)

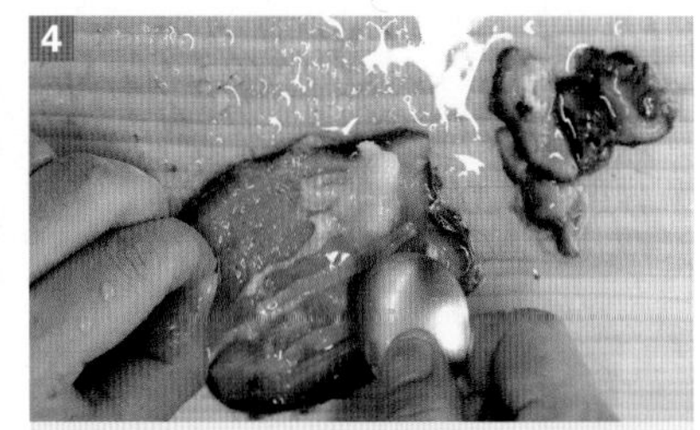

해삼의 안쪽 막을
제거하기(티스푼)

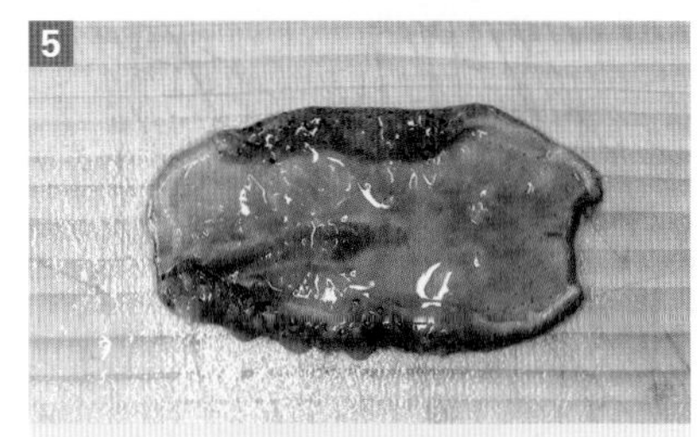

해삼을 흐르는 물로
씻어 준비하기

전복 손질법

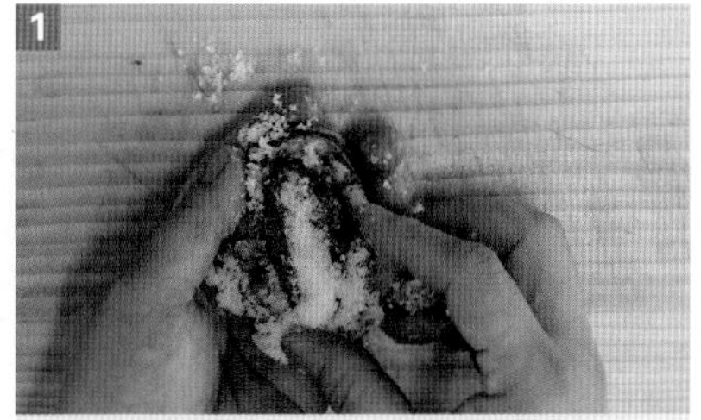

1 소금으로 전복 주변 불순물 씻기

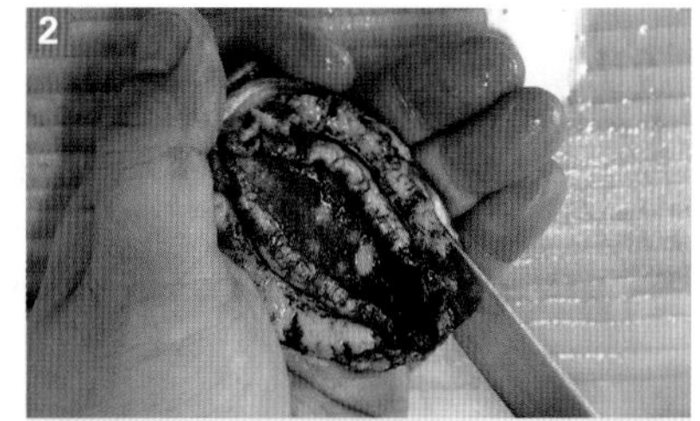

2 전복 나이프(조개칼 또는 스푼)를 이용하여 전복 껍질에서 분리하기

3 살과 내장을 분리하기

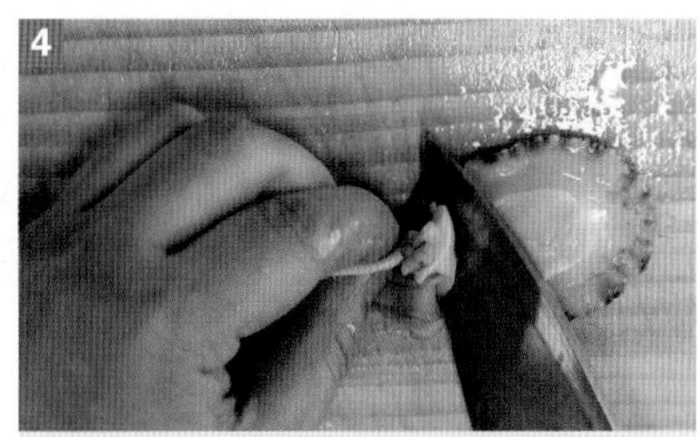

4 이빨 제거하기

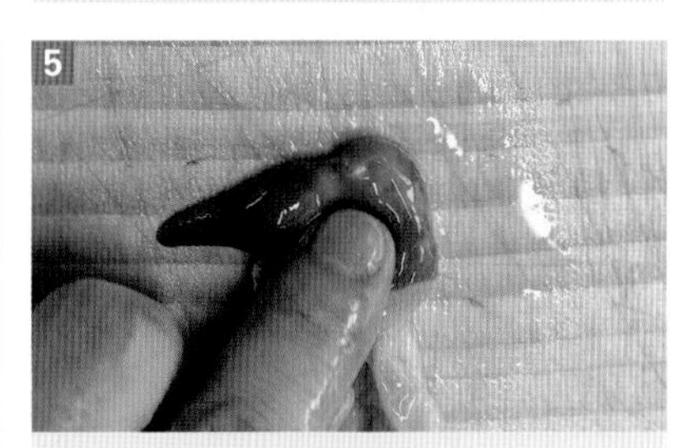

5 모래집 확인하기

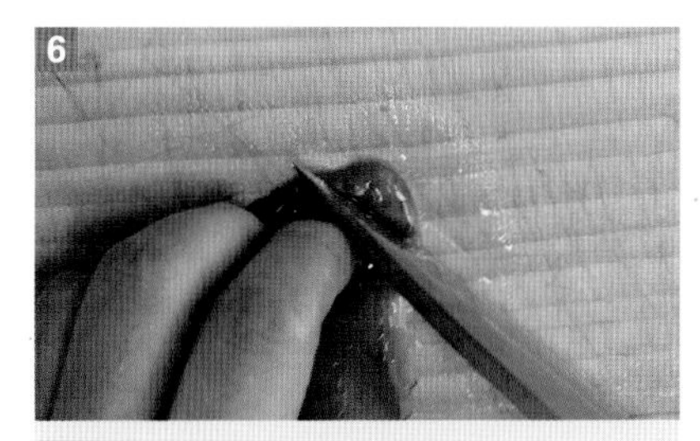

6 모래집 자르기

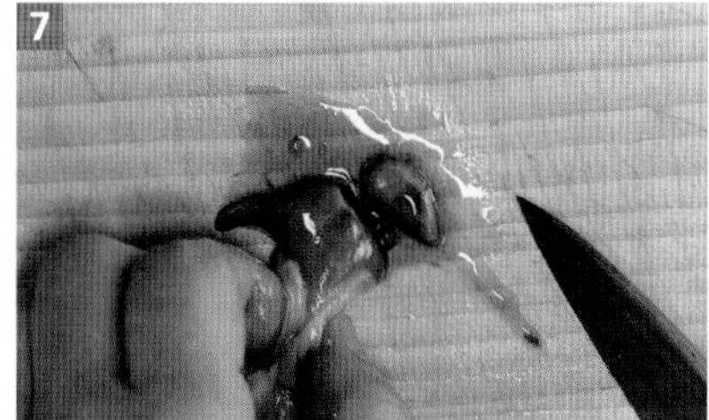

7 모래집을 소금에 문지르고 데치기 준비

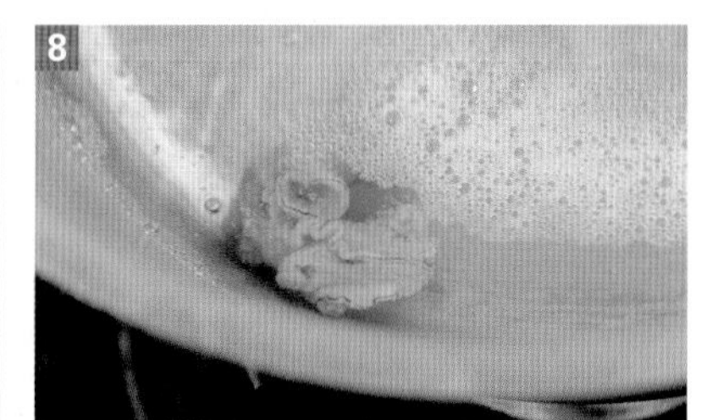

8 전복내장 데치기

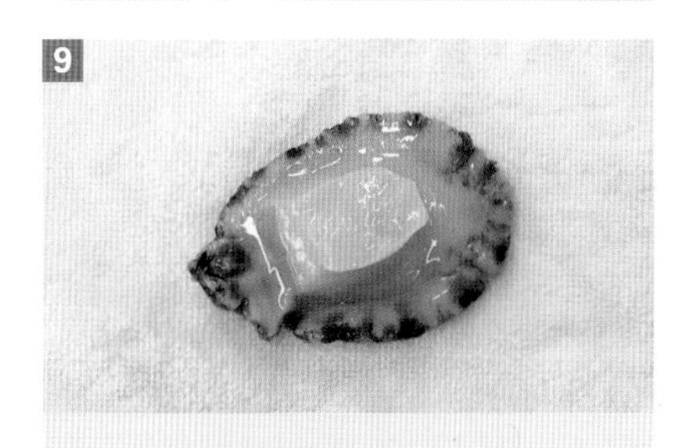

9 면보를 사용하여 물기 제거하기

10 칼집넣어 썰기

11 데친내장과 전복썰기 준비하기

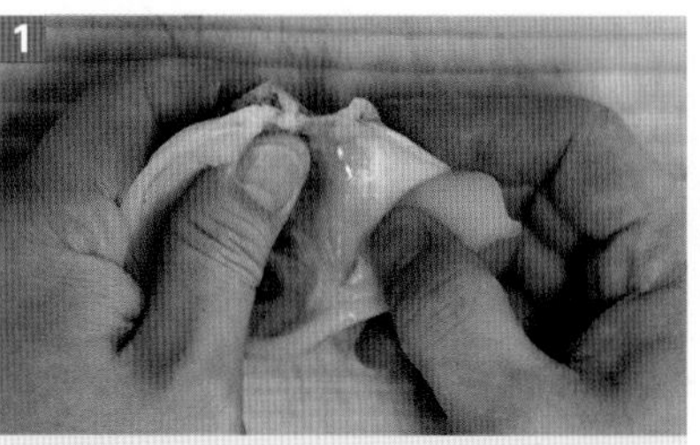

갑오징어의 껍질 제거하기

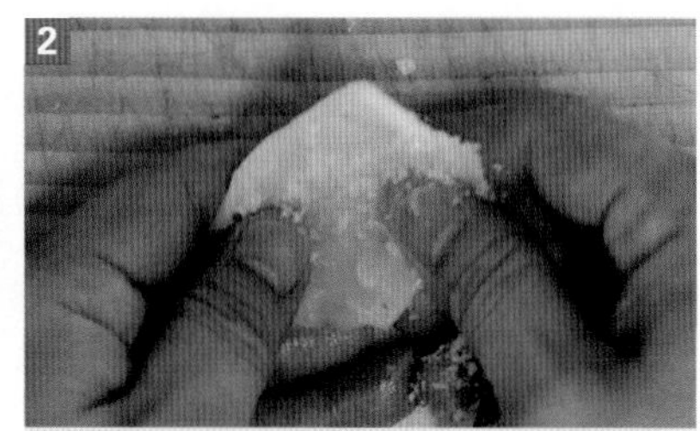

소금을 사용하여 불순물을
제거하고 씻기

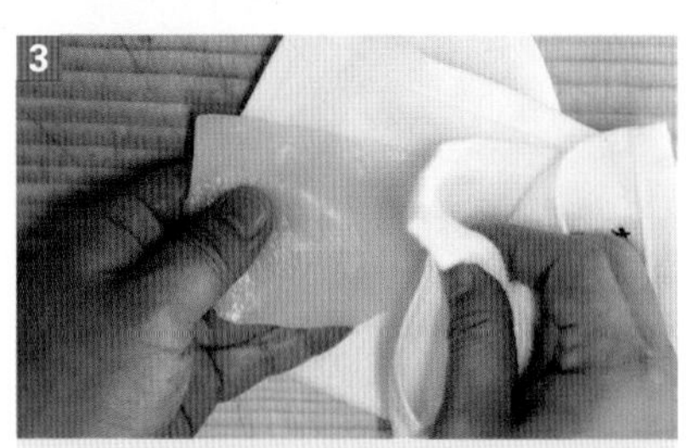

면보를 사용하여 안쪽의 점액질 부분과
질긴 면을 제거하기

1 무 껍질 제거 후 강판에 갈아 수분을 꼭 짜내기

2 굵은 고춧가루는 체에 내리기

3 간 무와 고춧가루를 섞기

4 실파는 파란부분만 곱게 송송 썰어 찬물에 헹궈 매운맛을 제거한 뒤 수분을 제거하기

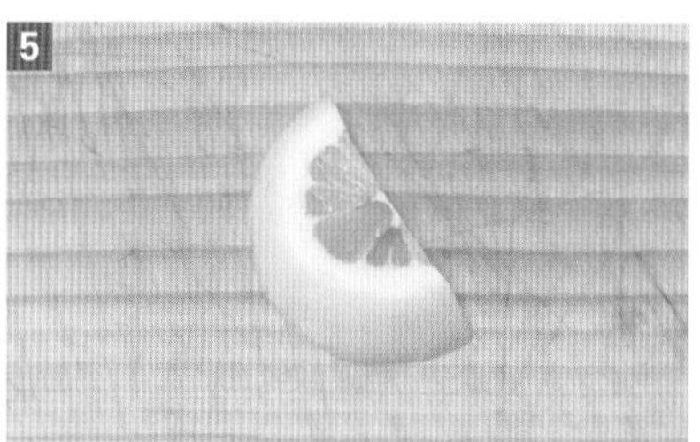

5 레몬은 약 1cm 두께의 반달모양으로 썰기

6 종지그릇에 빨간 무즙, 실파, 레몬을 함께 담아내기

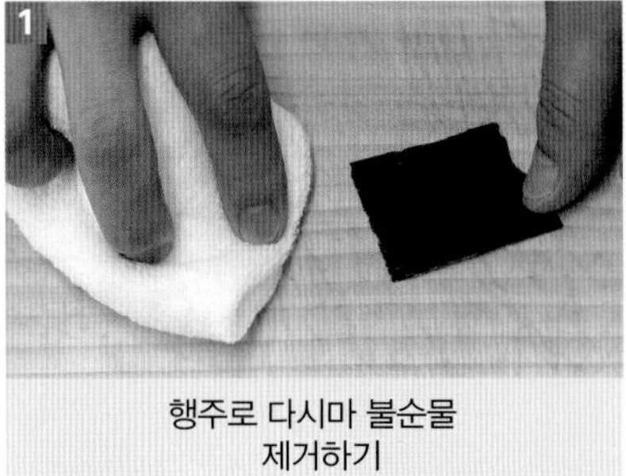

행주로 다시마 불순물 제거하기

냄비에 찬물+다시마(젖은 면보로 닦아낸)를 넣고 끓기 전에 다시마 건져내기

면보에 걸러 다시물 사용하기

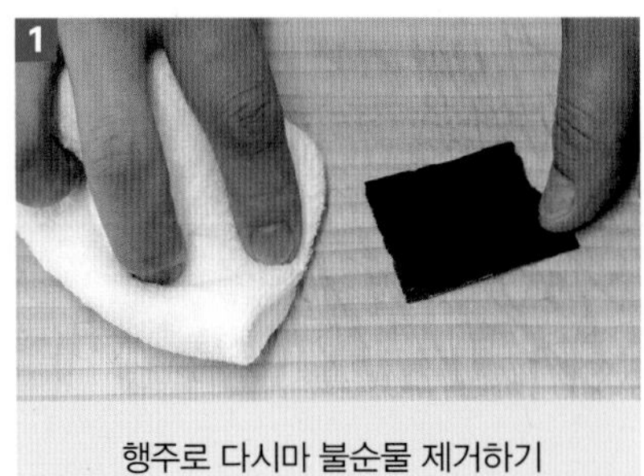

행주로 다시마 불순물 제거하기

냄비에 찬물+다시마(젖은 면보로 닦아낸)를 넣고 끓기 전에 다시마 건져내기

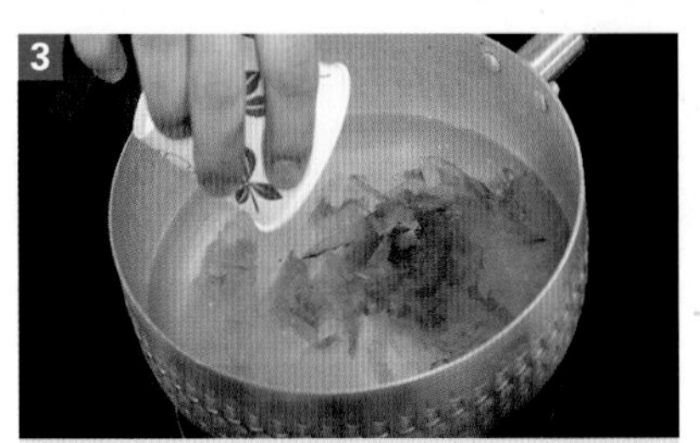

끓으면 불을 끄고 가다랑어포를 넣어 주기

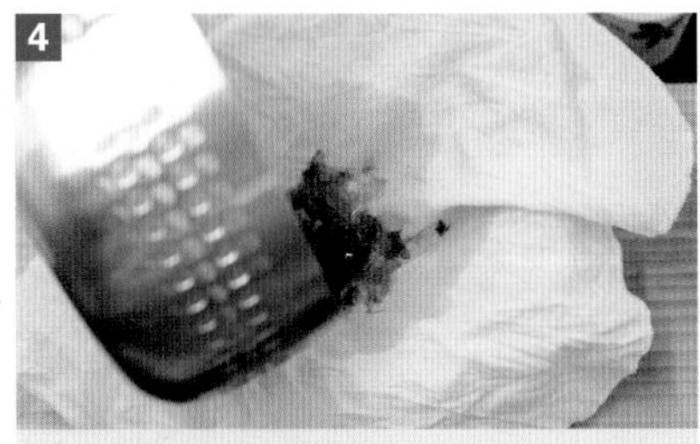

5분 후 고운체에 면보를 받친 후 걸러 주기

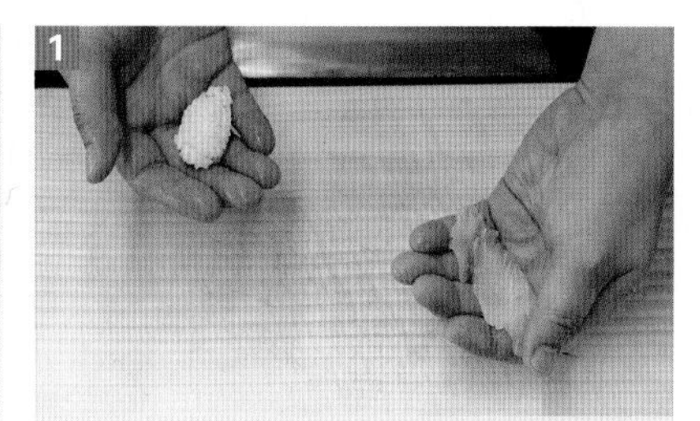

왼손으로 초밥재료를 잡고 오른손으로 대략 30~40g으로 맞추어 덩어리를 만들기

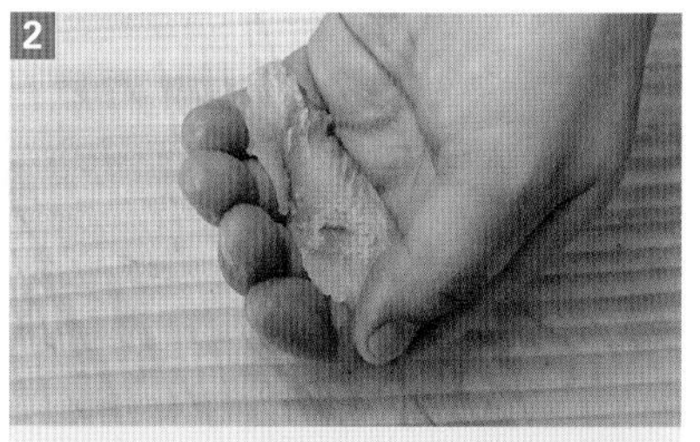

덩어리가 70% 정도 되었으면, 왼손의 초밥 재료에 오른손 검지로 와사비를 찍어 바르기

와사비 위에 초밥을 놓고 가운데 부분을 검지로 눌러 펼치기

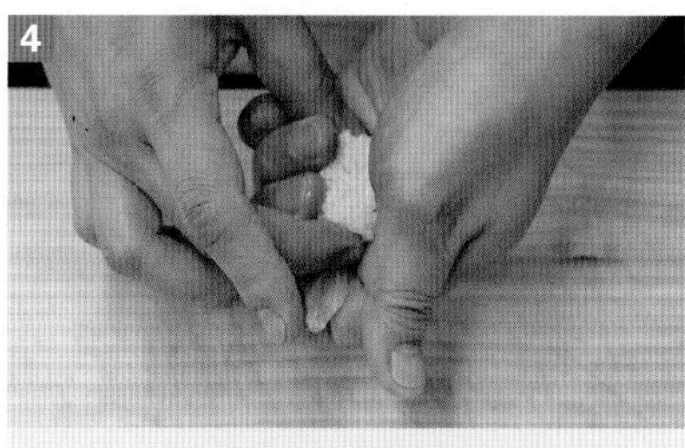

펼쳐진 초밥을 왼손으로 다시 덩어리지게 뭉치기

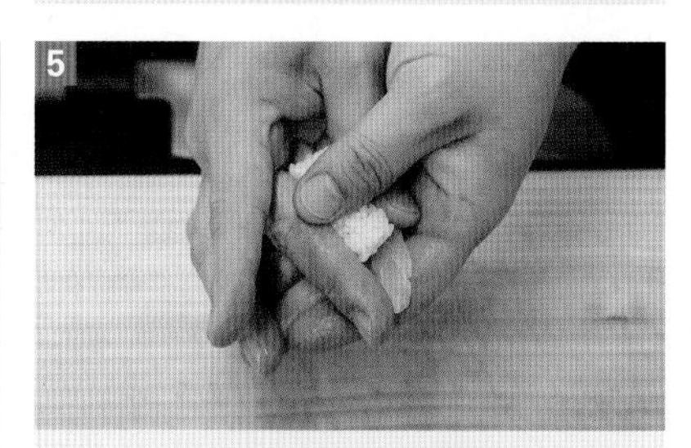

같은 동작을 2회 반복하여 초밥이 덩어리 감을 확인하기

오른손과 왼손을 이용해 초밥을 180도 돌려서 초밥재료가 밖으로 나오게 하기

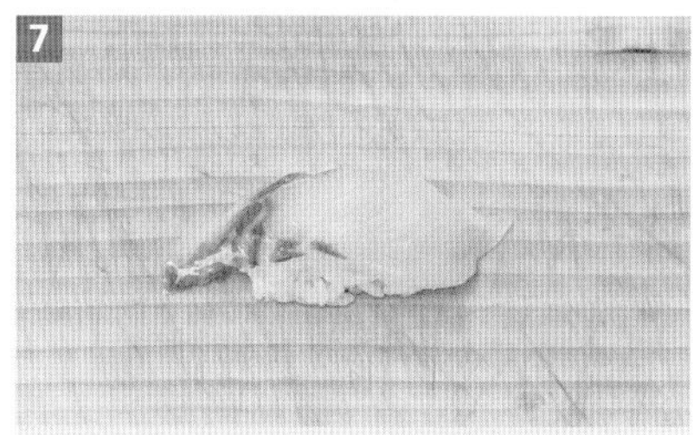

초밥을 돌려가며 모양을 잡으면서 밥이 밖으로 나오지 않게 초밥지어 완성하기

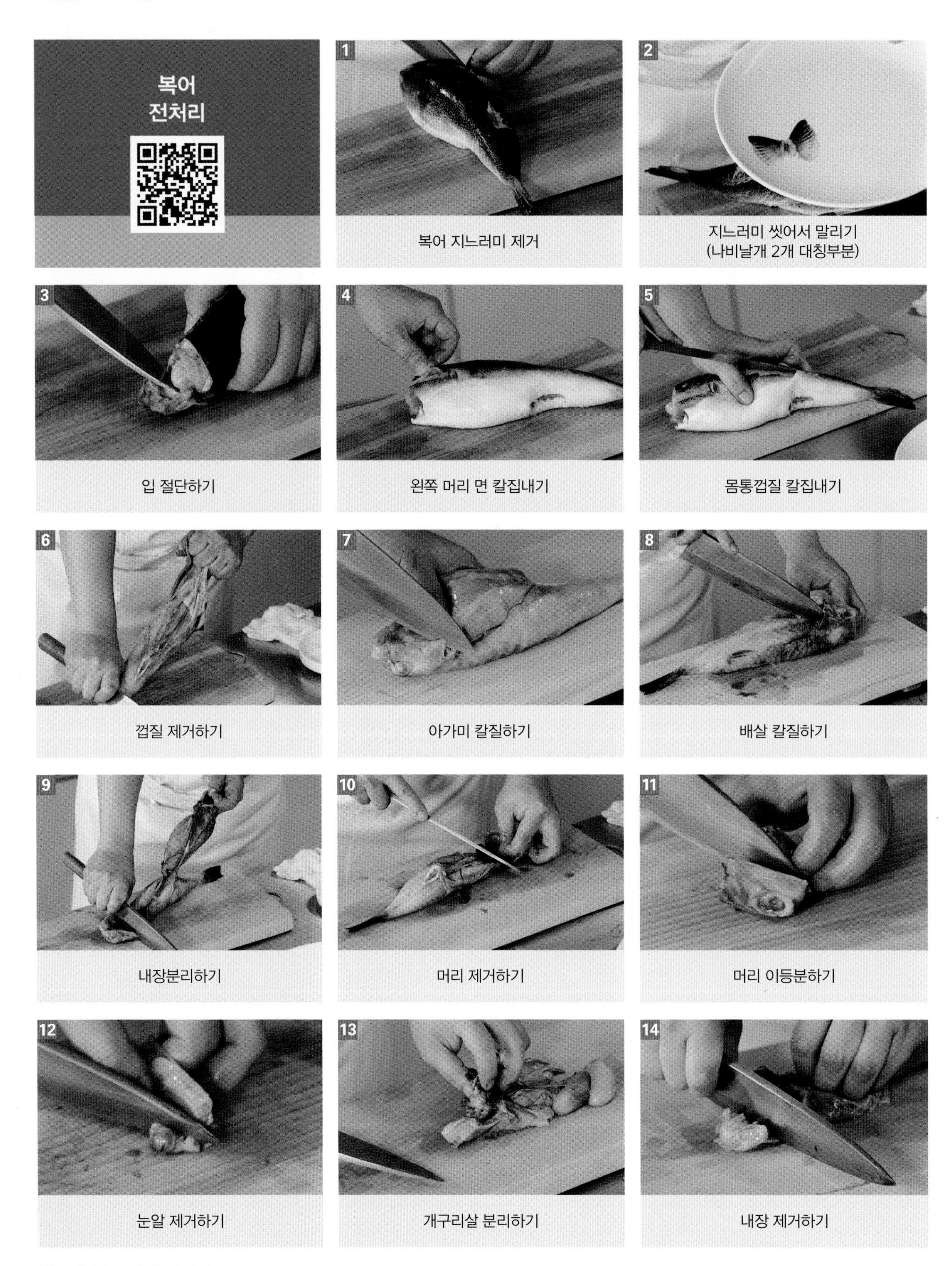

1 복어 지느러미 제거

2 지느러미 씻어서 말리기
(나비날개 2개 대칭부분)

3 입 절단하기

4 왼쪽 머리 면 칼집내기

5 몸통껍질 칼집내기

6 껍질 제거하기

7 아가미 칼질하기

8 배살 칼질하기

9 내장분리하기

10 머리 제거하기

11 머리 이등분하기

12 눈알 제거하기

13 개구리살 분리하기

14 내장 제거하기

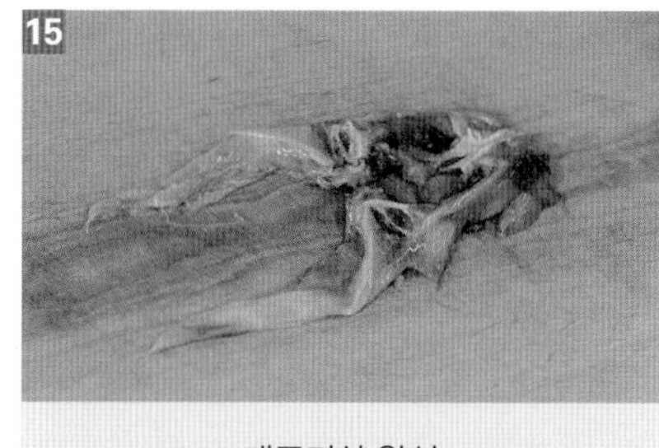

개구리살 완성

복어와 도마 씻기

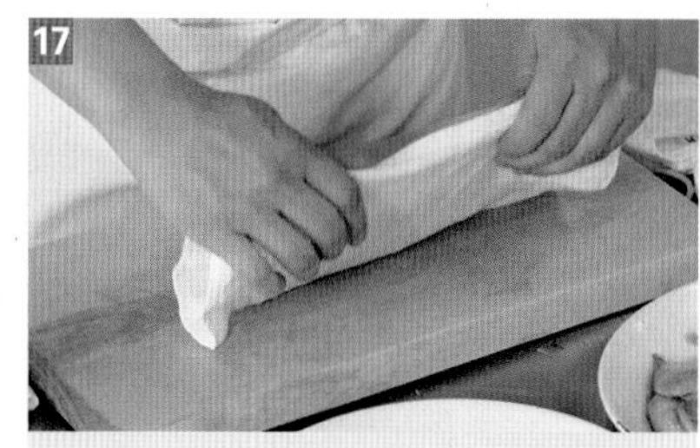

물기 제거

3장 뜨기

뼈 3~4등분 하여 담기

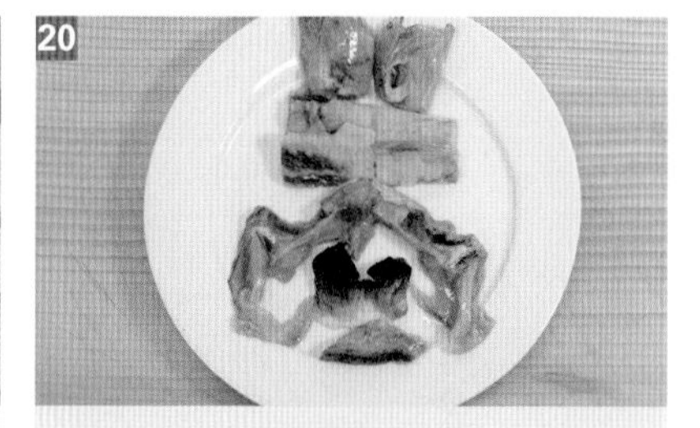

부위별 담기 1

부위별 담기 2

복어 껍질 전처리 및 가시 제거

복어 속껍질을 도마 위에 올려 끝선에 칼집 넣기

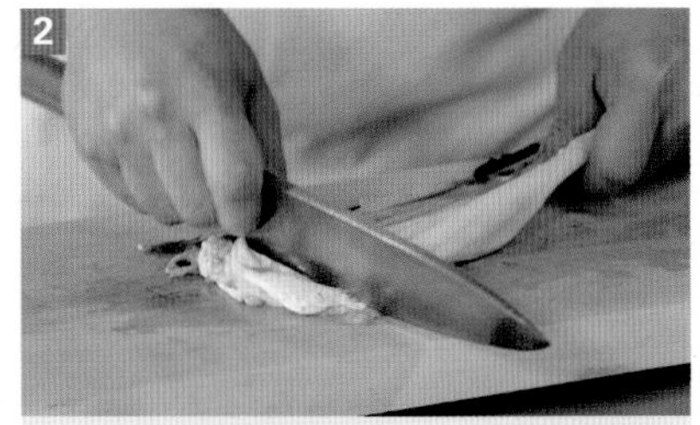

왼손으로 껍질을 고정시키고 칼끝으로 왼쪽에서 오른쪽 방향으로 긁기

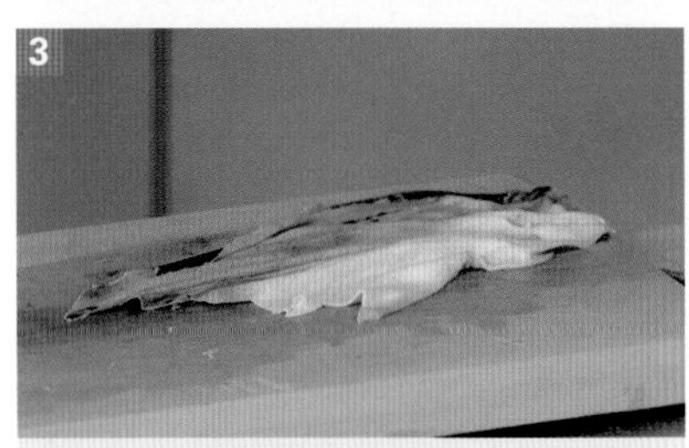

가시부분의 분리 시 강한 힘으로 긁어 분리하기

겉껍질과 도마를 최대한 밀착시켜 가시 제거 준비하기

가시 제거는 칼을 앞으로 미는 것이 아닌 위·아래로 힘을 주고 앞 방향으로 나아가기

흰색부분도 같은 방식으로 가시 제거하기

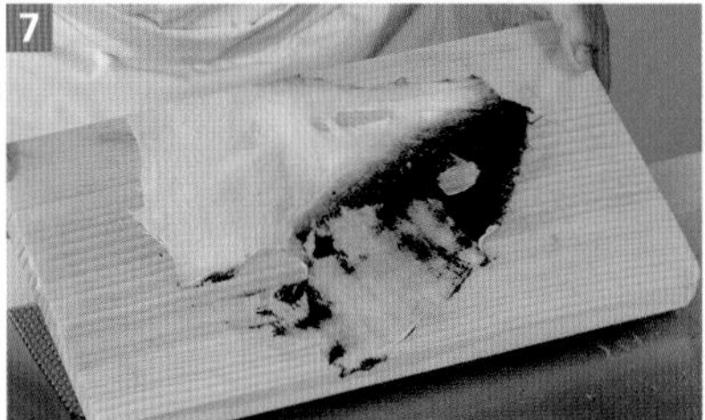

가시 제거가 완벽한지 껍질을 만져보고 최종 확인하기

가시 제거한 껍질 데치기

복어회 전처리

1 복어 3장 뜨기 후에
질긴 살 부분 제거하기

2 몸통살의 질긴 부분 제거하기 위하여 꼬리
부분의 살을 살짝 도려내어 준비하기

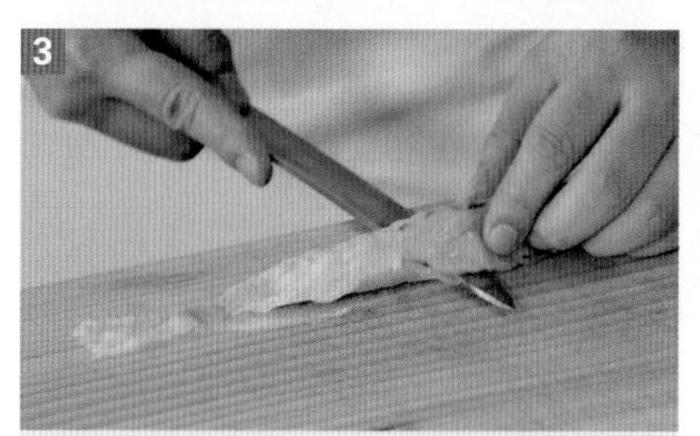

3 왼손으로 복어살 고정 후 칼을 사용해
위아래로 밀어서 질긴 막 제거

4 양쪽 뼈에 붙어 있는 2면의 살을
칼날 전체를 사용하여 도려내기

5 살 전체의 질긴 막이 남아있는지 확인하기

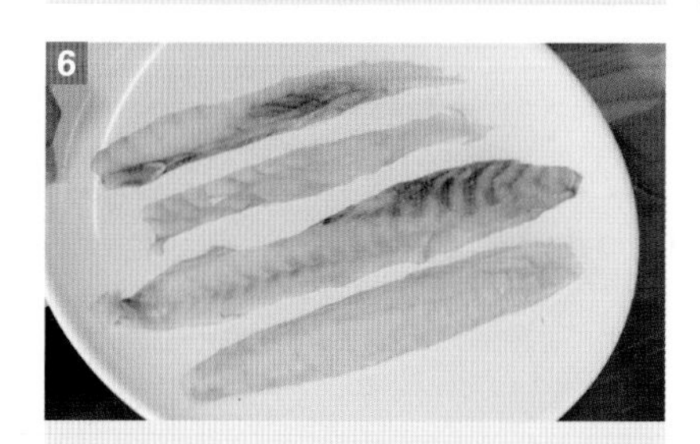

6 전처리 완성

일식조리기능사 실기 시험안내

시험안내

합격률

작업형 실기시험 기본정보

수험자 지참 준비물

위생상태 및 안전관리세부기준

수험자 유의사항

시험안내

자격명 일식조리기능사

영문명 Craftman Cook, Japanese Food

관련부처 식품의약품안전처

시행기관 한국산업인력공단

* 필기합격은 2년 동안 유효합니다.

응시자격 필기시험 합격자

응시방법 한국산업인력공단 홈페이지
[회원가입 → 원서접수 신청 → 자격선택 → 종목선택 → 응시유형 → 추가입력 → 장소선택 → 결제하기]

응시료 30,800원

시험일정 상시시험
* 자세한 일정은 Q-net(http://q-net.or.kr)에서 확인

시험문항 19가지 메뉴 중 2가지 메뉴가 무작위로 출제

검정방법 작업형

시험시간 70분 정도

합격기준 100점 만점에 60점 이상

합격발표 발표일에 큐넷 홈페이지에서 확인

합격률

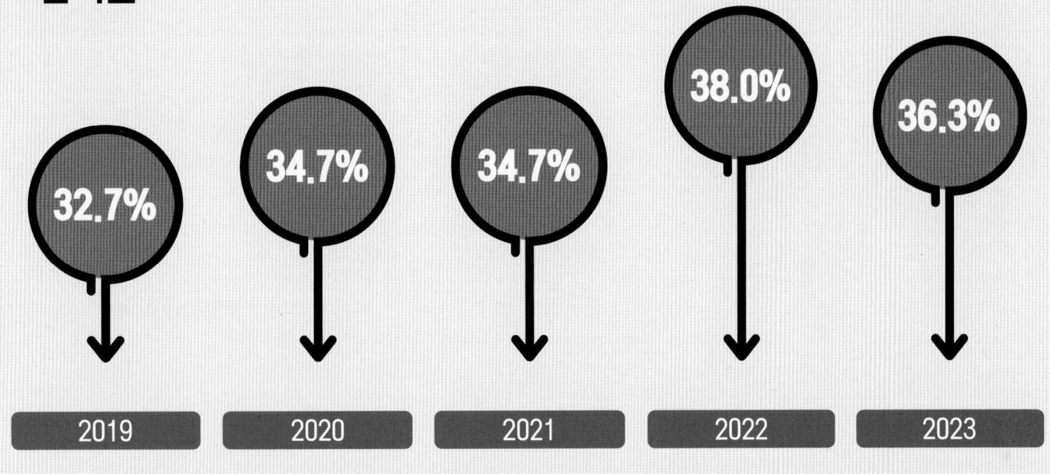

작업형 실기시험 기본정보

안전등급(safety Level) : 4등급

시험장소 구분	실내
주요시설 및 장비	가스레인지, 칼, 도마 등 조리기구
보호구	긴소매 위생복, 앞치마, 안전화(운동화) 등

★ 보호구(긴소매 위생복, 안전화(운동화) 등) 착용, 정리정돈 상태, 안전사항 등이 채점 대상이 될 수 있습니다. 반드시 수험자 지참 공구 목록을 확인하여 주시기 바랍니다.

위생상태 및 안전관리 세부기준 안내

구분	세부기준
위생복 상의	• **전체 흰색, 손목까지 오는 긴소매** – 조리과정에서 발생 가능한 안전사고(화상 등) 예방 및 식품위생(체모 유입방지, 오염도 확인 등) 관리를 위한 기준 적용 – 조리과정에서 편의를 위해 소매를 접어 작업하는 것은 허용 – 부직포, 비닐 등 화재에 취약한 재질이 아닐 것, 팔토시는 긴팔로 불인정 • **상의 여밈은 위생복에 부착된 것이어야 하며 벨크로**(일명 찍찍이), **단추 등의 크기, 색상, 모양, 재질은 제한하지 않음**(단, 핀 등 별도 부착한 금속성은 제외)
위생복 하의	• **색상·재질무관, 안전과 작업에 방해가 되지 않는 발목까지 오는 긴바지** – 조리기구 낙하, 화상 등 안전사고 예방을 위한 기준 적용
위생모	• **전체 흰색, 빈틈이 없고 바느질 마감처리가 되어 있는 일반 조리장에서 통용되는 위생모** (모자의 크기, 길이, 모양, 재질(면·부직포 등)은 무관)
앞치마	• **전체 흰색, 무릎 아래까지 덮이는 길이** – 상하일체형(목끈형) 가능, 부직포·비닐 등 화재에 취약한 재질이 아닐 것
마스크	• **침액을 통한 위생상의 위해 방지용으로 종류는 제한하지 않음** (단, 감염병 예방법에 따라 마스크 착용 의무화 기간에는 '투명 위생 플라스틱 입가리개'는 마스크 착용으로 인정하지 않음)
위생화 (작업화)	• **색상 무관, 굽이 높지 않고 발가락·발등·발뒤꿈치가 덮여 안전사고를 예방할 수 있는 깨끗한 운동화 형태**
장신구	• **일체의 개인용 장신구 착용 금지**(단, 위생모 고정을 위한 머리핀 허용)
두발	• **단정하고 청결할 것, 머리카락이 길 경우 흘러내리지 않도록 머리망을 착용하거나 묶을 것**
손/손톱	• **손에 상처가 없어야 하나, 상처가 있을 경우 보이지 않도록 할 것** (시험위원 확인 하에 추가 조치 가능) • **손톱은 길지 않고 청결하며 매니큐어, 인조손톱 등을 부착하지 않을 것**
폐식용유 처리	• **사용한 폐식용유는 시험위원이 지시하는 적재장소에 처리할 것**
교차오염	• **교차오염 방지를 위한 칼, 도마 등 조리기구 구분 사용은 세척으로 대신하여 예방할 것** • **조리기구에 이물질**(테이프 등)**을 부착하지 않을 것**
위생관리	• **재료, 조리기구 등 조리에 사용되는 모든 것은 위생적으로 처리하여야 하며, 조리용으로 적합한 것일 것**
안전사고 발생 처리	• **칼 사용**(손 빔) **등으로 안전사고 발생 시 응급조치를 하여야 하며, 응급조치에도 지혈이 되지 않을 경우 시험진행 불가**
눈금표시 조리도구	• **눈금표시된 조리기구 사용 허용**(실격 처리되지 않음, 2022년부터 적용) (단, 눈금표시에 재어가며 재료를 써는 조리작업은 조리기술 및 숙련도 평가에 반영)
부정 방지	• **위생복, 조리기구 등 시험장 내 모든 개인물품에는 수험자의 소속 및 성명 등의 표식이 없을 것**(위생복의 개인 표식 제거는 테이프로 부착 가능)
테이프 사용	• **위생복 상의, 앞치마, 위생모의 소속 및 성명을 가리는 용도로만 허용**

* 위 내용은 안전관리인증기준(HACCP) 평가(심사) 매뉴얼, 위생등급 가이드라인 평가 기준 및 시행상의 운영사항을 참고하여 작성된 기준입니다.

수험자 지참 준비물

※ 2024년 기준. 큐넷 홈페이지[**국가자격시험 〉 실기시험 안내 〉 수험자 지참 준비물**]에서 최신 자료를 확인하세요.

- ☐ 가위 1ea
- ☐ 강판 1ea
- ☐ 계량스푼 1ea
- ☐ 계량컵 1ea
- ☐ 국대접(기타 유사품 포함) 1ea
- ☐ 국자 1ea
- ☐ 김발 1ea
- ☐ 냄비☆ 1ea
- ☐ 달걀말이용 후라이팬(사각) 1ea
- ☐ 도마☆(흰색 또는 나무도마) 1ea
- ☐ 뒤집개 1ea
- ☐ 랩 1ea
- ☐ 마스크★ 1ea
- ☐ 면포/행주(흰색) 1장
- ☐ 밥공기 1ea
- ☐ 볼(bowl) 1ea
- ☐ 비닐팩(위생백, 비닐봉지 등 유사품 포함) 1장
- ☐ 상비의약품(손가락골무, 밴드 등) 1ea
- ☐ 쇠꼬치(쇠꼬챙이)(생선구이용) 2ea
- ☐ 쇠조리(혹은 체) 1ea
- ☐ 숟가락(차스푼 등 유사품 포함) 1ea
- ☐ 앞치마★(흰색, 남녀공용) 1ea
- ☐ 위생모★(흰색) 1ea
- ☐ 위생복★(상의-흰색, 긴소매 / 하의-긴바지, 색상 무관) 1벌
- ☐ 위생타올(키친타올, 휴지 등 유사품 포함) 1장
- ☐ 이쑤시개(산적꼬치 등 유사품 포함) 1ea
- ☐ 접시(양념접시 등 유사품 포함) 1ea
- ☐ 젓가락 1ea
- ☐ 종이컵 1ea
- ☐ 종지 1ea
- ☐ 주걱 1ea
- ☐ 집게 1ea
- ☐ 칼(조리용칼, 칼집포함) 1ea
- ☐ 호일 1ea
- ☐ 후라이팬☆ 1ea

☆ 시험장에도 준비되어 있음
★ 위생복장(위생복, 위생모, 앞치마, 마스크)을 착용하지 않을 경우 채점대상에서 제외(실격)됩니다.

- 지참준비물의 수량은 최소 필요수량이므로 수험자가 필요시 추가 지참 가능
- 지참준비물은 일반적인 조리용으로 기관명, 이름 등 표시가 없는 것
- 지참준비물 중 수험자 개인에 따라 과제를 조리하는데 불필요하다고 판단되는 조리기구는 지참하지 않아도 무방
- 지참준비물 목록에는 없으나 조리에 직접 사용되지 않는 조리 주방용품(수저통 등)은 지참 가능
- 수험자지참준비물 이외의 조리기구를 사용한 경우 채점대상에서 제외(실격)

수험자 유의사항

1. 만드는 순서에 유의하며, 위생과 숙련된 기능평가를 위하여 조리작업 시 맛을 보지 않습니다.
2. 지정된 수험자지참준비물 이외의 조리기구나 재료를 시험장 내에 지참할 수 없습니다.
3. 지급재료는 시험 전 확인하여 이상이 있을 경우 시험위원으로부터 조치를 받고 시험 중에는 재료의 교환 및 추가지급은 하지 않습니다.
4. 요구사항 및 지급재료의 규격은 "정도"의 의미를 포함하며, 재료의 크기에 따라 가감하여 채점됩니다.
5. 위생복, 위생모, 앞치마, 마스크를 착용하여야 하며, 시험장비 · 조리기구 취급 등 안전에 유의합니다.
6. 다음 사항은 실격에 해당하여 채점 대상에서 제외됩니다.
   ① 수험자 본인이 시험 도중 시험에 대한 포기 의사를 표현하는 경우
   ② 위생복, 위생모, 앞치마, 마스크를 착용하지 않은 경우
   ③ 시험시간 내에 과제 두 가지를 제출하지 못한 경우
   ④ 문제의 요구사항대로 과제의 수량이 만들어지지 않은 경우
   ⑤ 완성품을 요구사항의 과제(요리)가 아닌 다른 요리(㉨ 달걀말이→달걀찜)로 만든 경우
   ⑥ 불을 사용하여 만든 조리작품이 작품특성에서 벗어나는 정도로 타거나 익지 않은 경우
   ⑦ 해당과제의 지급재료 이외 재료를 사용하거나, 요구사항의 조리기구(석쇠 등)로 완성품을 조리하지 않은 경우
   ⑧ 지정된 수험자지참준비물 이외의 조리기술에 영향을 줄 수 있는 기구를 사용한 경우
   ⑨ 가스레인지 화구 2개 이상(2개 포함) 사용한 경우
   ⑩ 시험 중 시설 · 장비(칼, 가스레인지 등) 사용 시 시험위원 및 타수험자의 시험 진행에 위해를 일으킬 것으로 시험위원 전원이 합의하여 판단한 경우
   ⑪ 요구사항에 표시된 실격 및 부정행위에 해당하는 경우
7. 항목별 배점은 위생상태 및 안전관리 5점, 조리기술 30점, 작품의 평가 15점입니다.
8. 시험시작 전 가벼운 몸 풀기(스트레칭) 동작으로 긴장을 풀고 시험을 시작합니다.

19가지의 과제 중 2가지 과제가 선정됩니다.
주어진 시간 내에 2가지 과제를 만들어 제출하세요.

※ 채소를 썰기 전 무조건 데칠 물을 올려야 합니다. 본 교재에서는 학습의 편의를 위해 물 올리는 과정을 넣었습니다.

갑오징어명란무침

いかのさくらあえ — 이까노사쿠라아에

짝꿍과제

삼치소금구이	30분	86p
우동볶음	30분	95p
메밀국수	30분	99p

요구사항

❶ 명란젓은 껍질을 제거하고 알만 사용하시오.
❷ 갑오징어는 속껍질을 제거하여 사용하시오.
❸ 갑오징어를 소금물에 데쳐 0.3cm × 0.3cm × 5cm 크기로 썰어 사용하시오.

재료

갑오징어몸살 70g / **명란젓** 40g / **무순** 10g
청차조기잎(시소, 깻잎으로 대체 가능) 1장

소금(정제염) 10g

만드는 법

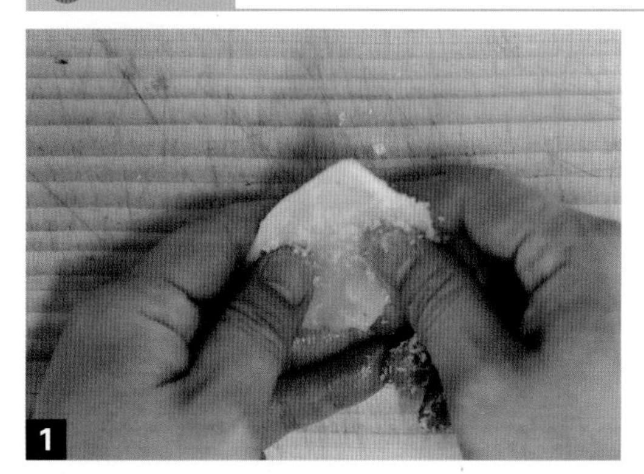

1 갑오징어 안쪽의 살은 소금을 사용하여 내장 불순물을 제거한 후 껍질을 벗겨준다.

2 갑오징어의 물기를 제거하고 안쪽 주변의 막을 제거하기 위하여 마른행주로 감싸 말아주는 동작을 3~4회 반복해서 이물질을 제거한다.

갑오징어 손질법 24p

3 끓는 물에 소금을 넣고 갑오징어를 데치고 찬물에 식힌다.

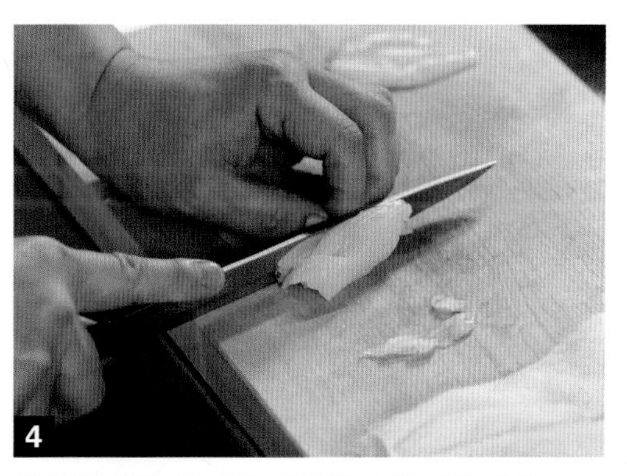

4 갑오징어의 물기를 제거하고 5×0.3×0.3cm 길이로 자른다.

명란젓의 앞쪽에 칼집을 넣어 젓가락, 칼등을 사용하여 껍질과 알을 분리하고 알만 사용한다.

무침 그릇에 갑오징어와 명란젓을 넣고 섞어 준다.

무순은 끝선을 가지런히 맞추고 준비한다.

준비된 그릇에 깻잎 → 갑오징어명란무침 → 무순 순으로 담고 무순은 앞쪽에 담아준다.

합격포인트

1_ 끓는 물에 1초 살짝 데친다.
2_ 갑오징어 채 2 : 명란젓 1의 비율로 무친다.
3_ 무순은 담기 직전에 씻어 끝선을 정리하여 담는다.

참치김초밥

てっかまき — 뎃까마끼

짝꿍과제

도미조림 30분	103p
도미머리맑은국 30분	114p
달걀찜 30분	81p

요구사항

❶ 김을 반장으로 자르고, 눅눅하거나 구워지지 않은 김은 구워 사용하시오.
❷ 고추냉이와 초생강을 만드시오.
❸ 초밥 2줄은 일정한 크기 12개로 잘라 내시오.
❹ 간장을 곁들여 내시오.

재료

참치살(붉은색 참치살, 아까미) 100g / **김**(초밥김) 1장
밥(뜨거운 밥) 120g
청차조기잎(시소, 깻잎으로 대체 가능) 1장 / **통생강** 20g
고추냉이(와사비분) 15g

흰설탕 50g / **소금**(정제염) 20g / **식초** 70ml
진간장 10ml

만드는 법

1 초밥초를 식초 60ml, 설탕 40g, 소금 10g의 비율로 계량스푼을 이용하여 준비한 후 살짝 끓여준다.

2 밥에 ❶의 초밥초를 계량스푼으로 30ml 넣어 비벼준다.

3 생강 데칠 물을 올린다.

4 생강의 껍질은 스푼보다 칼을 사용하여 깔끔하게 도려낸다.

5 생강은 최대한 얇게 편으로 썰어준다.

잠깐! 많은 양의 물을 부어 와사비를 개면 농도가 묽기 쉬우므로 물을 조금씩 부어가며 된 정도를 체크하여 개어야 합니다.

6 물이 끓으면 생강을 데쳐내고 데친 생강은 여분의 초밥초에 담가 맛을 낸다.

7 와사비분은 찬물에 개어 준비한다.

8 참치의 해동 정도를 확인하고 해동이 안 되었으면 참치가 잠길 정도의 미지근한 소금물(바닷물 농도)을 준비하여 참치를 담근다.

9 소금물에 넣은 참치는 이물질을 제거하고, 참치의 해동상태를 확인하여 꺼낸다.

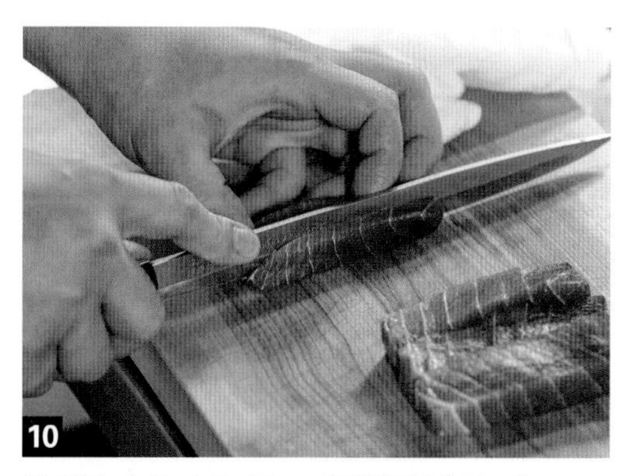

10 참치를 1.5×1.5×20cm(김밥길이)로 자르고 행주를 사용하여 물기를 제거한다.

11

김은 반을 가른 뒤 김발 위에 올리고 그 위에 밥을 올린다.

잠깐! 눅눅해진 김은 살짝 구워 사용합니다.

12

김 끝의 1.5cm은 그대로 남겨두고 펼친 밥 중간지점을 누른 후 와사비를 바르고 준비된 참치를 넣어준다.

13

김 위에 밥의 가까운 끝선과 먼 끝선이 닿도록 말아낸다.

14

2개 말은 참치김초밥을 도마 위에 놓고 각 6등분하여 총 12개를 만든다.

15

준비된 접시에 깻잎을 깔고 내용물이 보이도록 참치김초밥 12개를 가지런히 담는다.

16

마지막으로 초생강의 물기를 제거하고 그릇의 오른쪽 하단에 담아 완성한다.

17

지급재료에 간장이 있으므로 간장을 종지그릇에 담아 같이 제출한다.

합격포인트

1_ 참치는 해동 후 자르고 물기를 두 번 제거한다. 물기를 제거하지 않으면 핏물이 나와 밥이 흐트러진다.
2_ 참치의 양과 초밥의 비율을 잘 맞춰야 한다.
3_ 생강은 반드시 얇게 편으로 썰어 데쳐 초밥초에 담가야 한다.
4_ 밥은 일정한 높이로 고르게 펴고 김 위의 끝 선 1.5cm 남기는 것을 꼭 기억한다.

김 남긴 부분 폭1.5cm

1.5cm 길이

소고기간장구이

ぎゅうにくのてりやき — 규니꾸노데리야끼

짝꿍과제

생선초밥 40분	119p
도미머리맑은국 30분	114p
달걀찜 30분	81p
달걀말이 25분	71p

요구사항

❶ 양념간장(다래)과 생강채(하리쇼가)를 준비하시오.
❷ 소고기를 두께 1.5cm, 길이 3cm로 자르시오.
❸ 프라이팬에 구이를 한 다음 양념간장(다래)을 발라 완성하시오.

재료

소고기(등심, 덩어리) 160g / **건다시마**(5×10cm) 1장
통생강 30g / **깻잎** 1장 / **산초가루** 3g

검은후춧가루 5g / **소금**(정제염) 20g / **진간장** 50ml
청주 50ml / **흰설탕** 30g / **식용유** 100ml
맛술(미림) 50ml

만드는 법

1 물 200ml에 다시마를 넣고 끓여 다시물을 준비한다. 곤부 다시 만드는 법 26p

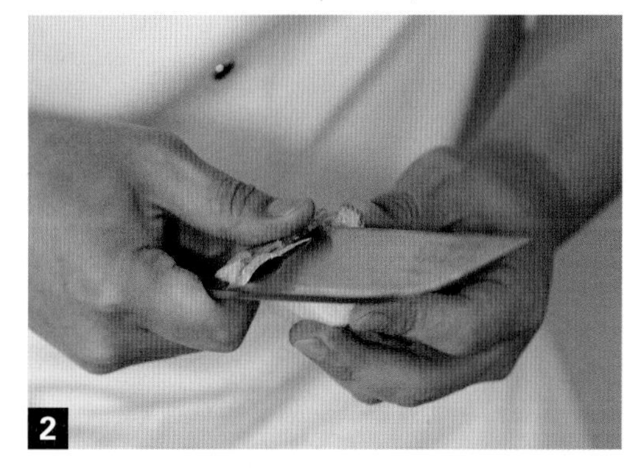

2 통생강은 흙을 제거하고 칼을 사용하여 깔끔하게 껍질을 제거한다.

3 생강은 최대한 얇게 채 썰어 찬물에 담가둔다(하리쇼가).

잠깐! 생강은 데치는 것이 아닙니다. 도미조림의 생강도 준비요령이 같습니다.

4 소고기 양념간장은 다시물 100ml, 간장 50ml, 맛술 50ml, 설탕 30g, 청주 50ml의 비율로 맞추어 끓여준다.

소고기는 힘줄과 핏물을 제거한다.

소고기에 후춧가루와 소금을 뿌려서 밑간을 한다.

팬에 기름을 두르고 팬 위에 손을 올려 따뜻한 온기가 느껴질 정도가 되었으면 소고기를 넣는다.

팬에 소고기를 넣고 초벌구이를 한다. 구이의 색이 나올 때까지 앞뒤의 색깔을 내고 색이 나기 전에 양념간장을 넣으면 안 된다.

준비된 양념간장 ❹를 넣어 소고기를 익히면서 조려낸다.

잠깐! 손으로 고기를 눌러 약간 딱딱한 상태인 미디움 웰던인지 확인합니다.

소고기를 도마에 올려 두께 1.5cm, 길이 3cm로 자른다.

11
접시의 왼쪽 상단에 깻잎을 올리고 고기를 중앙에 가지런히 놓고 걸쭉한 양념간장을 올리고 산초가루를 뿌린다.

12
접시의 오른쪽 하단에 채 썬 생강을 올려 완성한다.

합격포인트

1_ **소고기는 초벌구이에서 색깔을 낸다.**
2_ **구이 색이 나지 않은 상태에서 양념간장을 넣으면 안 된다.**
3_ **소고기의 익힘과 양념간장의 농도를 반드시 체크한다(걸쭉하고 윤기 나게 만들기).**
4_ **채 썬 생강은 최대한 얇게 썰고 찬물에 3~4번 씻고 찬물에 담가 준비한다.**

해삼초회

なまこのすのもの — 나마꼬노스노모노

짝꿍과제

생선초밥 40분	119p
도미조림 30분	103p
김초밥 25분	76p

요구사항

❶ 오이를 둥글게 썰거나 줄무늬(자바라)썰기하여 사용하시오.
❷ 미역을 손질하여 4~5cm로 써시오.
❸ 해삼은 내장과 모래가 없도록 손질하고 힘줄(스지)을 제거하시오.
❹ 빨간 무즙(아까오로시)과 실파를 준비하시오.
❺ 초간장(폰즈)을 끼얹어 내시오.

재료

해삼(fresh) 100g
오이(가늘고 곧은 것, 길이 20cm) 1/2개 / **건미역** 5g
가다랑어포(가쓰오부시) 10g / **실파**(1뿌리) 20g
무 20g / **건다시마**(5×10cm) 1장 / **레몬** 1/4개

소금(정제염) 5g / **고춧가루**(고운 것) 5g / **식초** 15ml
진간장 15ml

만드는 법

1 찬물에 건미역을 담가 불린다.

2 건다시마와 물 100ml를 넣고 끓으면 다시마를 건지고 불을 끈다.

3 가다랑어포를 넣어주고 5분 후 국물을 고운체에 면보를 받친 후 걸러낸다.

1번 다시 만드는 법 26p

4 물에 소금을 넣고 끓으면 불린 미역을 살짝 데친다.

5

오이는 소금으로 문질러 씻어 자바라 썰기 하여 소금물에 절인 후 2cm로 썰어준 후 비틀어 모양을 잡는다(2조각).

자바라 썰기법 15p

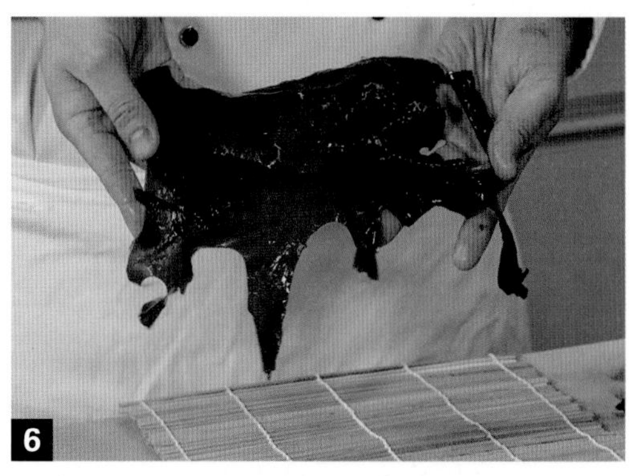

6

미역의 넓은 부분을 김발에 올려 놓는다.

7

미역 위에 나머지 미역을 올리고 말아준다.

8

말은 미역은 4~5cm로 썰어준다.

9

무는 강판에 갈아 수분을 뺀 후 체에 내린 고운 고춧가루로 색을 낸다.

10

실파는 0.3cm로 곱게 송송 썰어 찬물에 헹군 후 면보에 물기를 제거한다.

11

레몬은 반달모양으로 썰어 야꾸미를 완성해 준다. 기본 야꾸미 만드는 법 25p

야꾸미 음식에 곁들이는 양념

12

가쓰오 다시물 10ml, 식초 10ml, 간장 10ml을 섞어 폰즈를 완성해준다.

폰즈 초간장

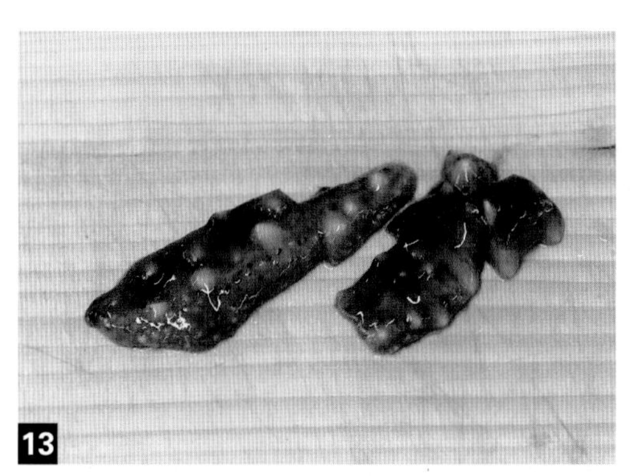

13

해삼은 배를 갈라 내장, 모래, 힘줄을 제거하고 양끝(입, 항문)을 잘라낸다.

해삼 손질법 22p

잠깐! 해삼 힘줄은 소금 또는 티스푼을 사용하여 제거합니다.

14

손질한 해삼은 소금물에 헹군 후 사방 2cm로 썰어준 후 완성그릇에 해삼, 오이, 미역을 담아 폰즈를 끼얹어 주고, 야꾸미를 함께 곁들여 담아낸다.

합격포인트

1_ 해삼손질에 유의하고, 너무 작게 썰지 않는다.
2_ 폰즈, 야꾸미의 곁들임 준비를 체크한다.

문어초회

たこのすのもの — 타코노스노모노

짝꿍과제

소고기덮밥 30분	90p
우동볶음 30분	95p
메밀국수 30분	99p

요구사항

❶ 가다랑어국물을 만들어 양념초간장(도사스)을 만드시오.
❷ 문어는 삶아 4~5cm 길이로 물결모양썰기(하조기리)를 하시오.
❸ 미역은 손질하여 4~5cm 크기로 사용하시오.
❹ 오이는 둥글게 썰거나 줄무늬(자바라)썰기 하여 사용하시오.
❺ 문어초회 접시에 오이와 문어를 담고 양념초간장(도사스)을 끼얹어 레몬으로 장식하시오.

재료

문어다리(생문어, 80g) 1개 / **건미역** 5g / **레몬** 1/4개
오이(가늘고 곧은 것, 길이 20cm) 1/2개
가다랑어포(가쓰오부시) 5g / **건다시마**(5×10cm) 1장

소금(정제염) 10g / **흰설탕** 10g / **진간장** 20ml
식초 30ml

만드는 법

1 찬물에 건미역을 담가 불린다.

2 건다시마와 물 200ml을 넣고 끓으면 다시마를 건지고 불을 끈다.

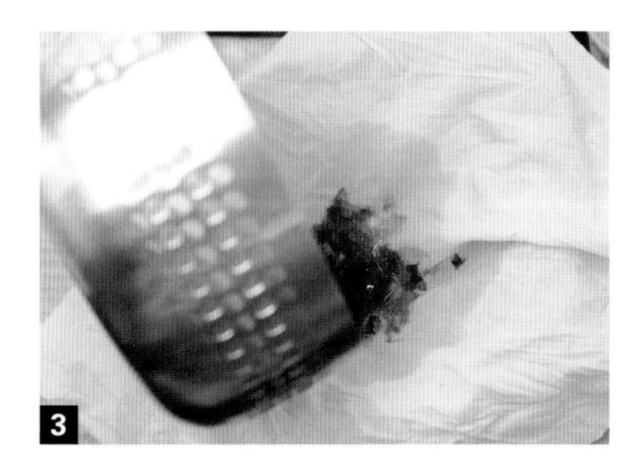

3 가다랑어포를 넣어주고 5분 후 국물을 고운체에 면보를 받친 후 걸러낸다.

1번 다시 만드는 법 26p

4 물에 소금을 넣고 끓으면 불린 미역을 살짝 데친다.

5

양념초간장(도사스)은 다시물 90ml, 설탕 10g, 진간장 15ml, 식초 15ml로 준비한다.

6

오이는 소금으로 문질러 씻어 자바라 썰기 하여 소금물에 절인 후 2cm로 썰어준 후 비틀어 모양을 잡는다(2조각).

자바라 썰기법 15p

7

레몬은 슬라이스로 썰어 준비한다.

8

미역의 넓은 부분을 김발에 올려 놓는다.

9

미역 위에 나머지 미역을 올리고 말아준다.

10

말은 미역은 4~5cm로 썰어준다.

11

문어는 소금으로 이물질을 제거하고, 끓는 물 700ml에 간장 5ml, 식초 5ml를 넣어 5분 정도 삶는다.

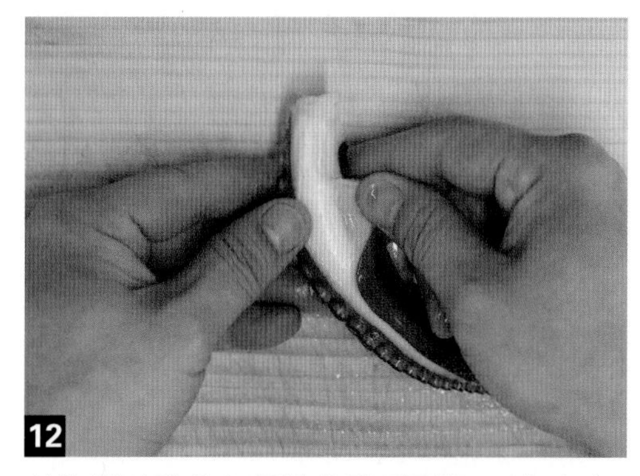

12

삶은 문어의 촉수 주변에 잔 칼집을 그어 다리 부분의 껍질을 제거한다.

문어 손질법 21p

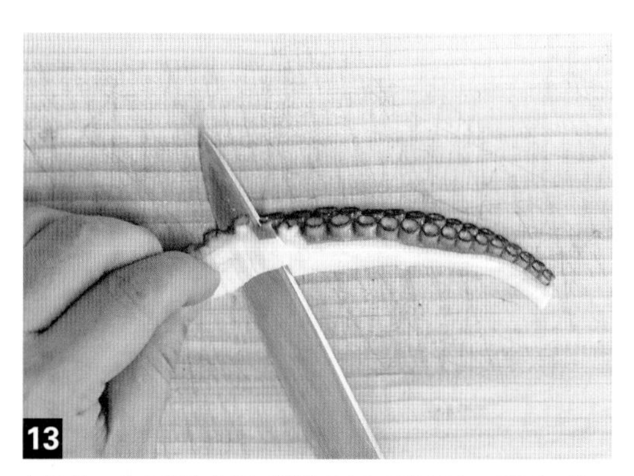

13

문어는 오른쪽에서 왼쪽으로 잔물결모양을 내면서 4~5cm로 썰어준다.

14

그릇에 오이, 미역, 문어, 레몬 슬라이스 순으로 담고 준비된 양념초간장을 얹어 완성한다.

합격포인트

1_ **문어는 끓는 물에 간장, 식초를 넣어 5분 삶고, 촉수부분은 사용하고 껍질은 제거하고 물결모양으로 썬다(하조기리).**

2_ **오이 잔 칼집의 간격은 촘촘하게 준비하여 소금에 절인다.**

3_ **해삼초회는 진한 초간장(폰즈)이고, 문어초회는 엷은 초간장(도사스)임을 숙지한다.**

대합맑은국

はまぐりのすいもの — 하마구리노스이모노

짝꿍과제

우동볶음 30분	95p
삼치소금구이 30분	86p
김초밥 25분	76p
전복버터구이 25분	67p

요구사항

❶ 조개 상태를 확인한 후 해감하여 사용하시오.
❷ 다시마와 백합조개를 넣어 끓으면 다시마를 건져내시오.

재료

백합조개(개당 40g, 5cm 내외) 2개
쑥갓 10g
건다시마(5×10cm) 1장
레몬 1/4개

소금(정제염) 10g/ **청주** 5ml
국간장(진간장 대체 가능) 5ml

만드는 법

백합조개는 소금물에 담가 해감한다.

쑥갓은 찬물에 담가 잎 부분만 사용한다.

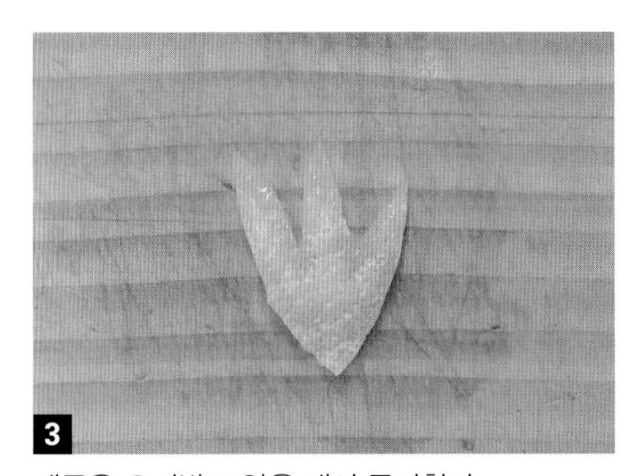

레몬은 오리발 모양을 내어 준비한다.

레몬 오리발 모양 썰기법 17p

물 300ml에 다시마와 백합조개를 넣고 끓여 백합조개의 입이 벌어지면 불을 끈다.

잠깐! 대합을 오래 끓이면 수축되어 부피가 작아져요.

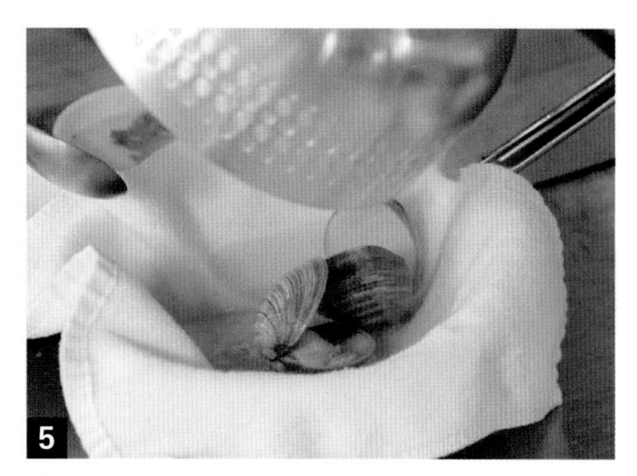

끓인 조개 물은 면보에 거른다.

거른 조개 물은 청주, 소금, 간장을 소량만 넣어 간을 하고 살짝 끓여낸다.

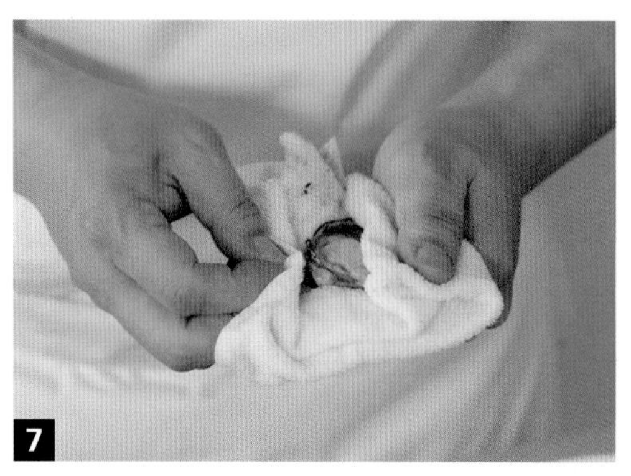

백합조개의 살 쪽의 이물질은 제거하고 껍질은 한쪽은 떼어낸다.

준비된 그릇에 백합조개를 담는다

❻의 국물을 붓고, 쑥갓과 레몬(오리발)을 넣어 완성한다.

합격포인트

1_ 대합맑은국은 대합술찜과 다르게 티눈을 제거하지 않고 사용한다.

2_ 국물의 양은 제출할 그릇으로 부피를 체크하고 색깔에 주의하여 국물색을 완성한다.

3_ 간장을 많이 넣지 않고 한 방울만 넣는다.

4_ 오리발 모양을 연습한다.

된장국

みそしる — 미소시루

짝꿍과제

요구사항

❶ 다시마와 가다랑어포(가쓰오부시)로 가다랑어국물(가쓰오다시)을 만드시오.

❷ 1cm × 1cm × 1cm로 썬 두부와 미역은 데쳐 사용하시오.

❸ 된장을 풀어 한소끔 끓여내시오.

재료

일본된장 40g / **판두부** 20g / **건다시마**(5×10cm) 1장
실파(1뿌리) 20g / **산초가루** 1g / **건미역** 5g
가다랑어포(가쓰오부시) 5g

청주 20ml

만드는 법

1 찬물에 건미역을 담가 불린다.

2 건다시마와 물 400ml를 넣고 끓으면 다시마를 건지고 불을 끈다.

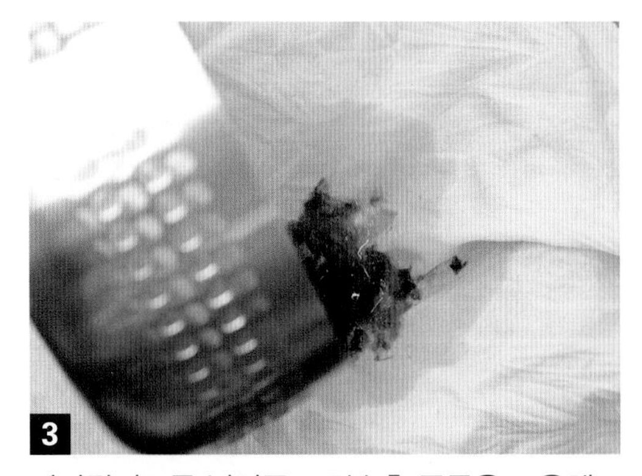

3 가다랑어포를 넣어주고 5분 후 국물을 고운체에 면보를 받친 후 걸러낸다.

1번 다시 만드는 법 26p

4 물을 올리고 끓으면 불린 미역을 넣는다.

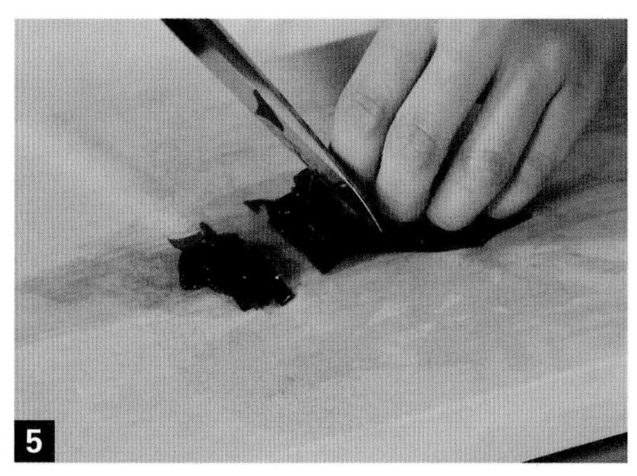

데친 미역은 물기를 제거하고 1cm로 썰어 준비한다.

두부는 1×1×1cm로 썰어 끓는물에 살짝 데쳐 준다.

실파는 0.3cm로 곱게 송송 썰어 찬물에 헹군 후 면보에 물기를 제거한다.

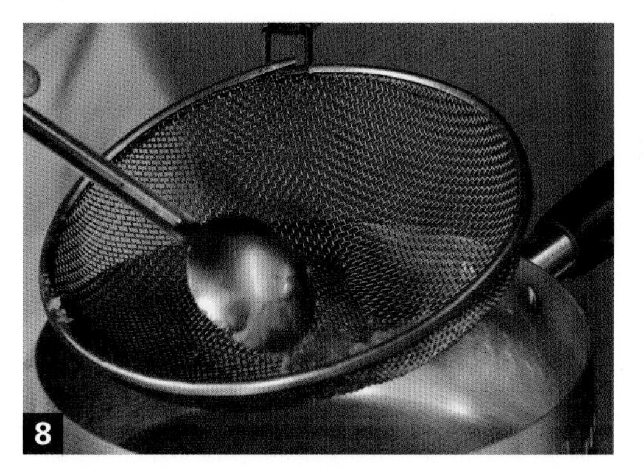

냄비에 가쓰오 다시물 300ml를 넣고 끓으면 일본된장 20g을 풀고 청주 20ml을 넣어 살짝 끓여낸 후 체에 걸러낸다.

완성그릇에 전처리한 두부, 미역, 송송 썬 실파를 담고 ❽의 국물을 부어낸다.

산초가루를 살짝 뿌려 마무리한다.

합격포인트

1_ **두부는 1×1×1cm 크기에 맞춰서 썰고, 실파도 곱게 썰어준다.**

2_ **된장국의 내용물은 전처리하여 그릇에 미리 담아놓고 된장국물은 청주를 넣고 따로 끓여 완성한다.**

전복버터구이

あわびのバターやき — 아와비노바타야끼

짝꿍과제

달걀찜 30분	81p
소고기덮밥 30분	90p
김초밥 25분	76p

요구사항

❶ 전복은 껍질과 내장을 분리하고 칼집을 넣어 한입 크기로 어슷하게 써시오.
❷ 내장은 모래주머니를 제거하고 데쳐 사용하시오.
❸ 채소는 전복의 크기로 써시오.
❹ 은행은 속껍질을 벗겨 사용하시오.

재료

전복(2마리, 껍질포함) 150g
청차조기잎(시소, 깻잎으로 대체 가능) 1장
양파(중, 150g) 1/2개 / **청피망**(중, 75g) 1/2개
은행(중간 크기) 5개

버터 20g / **청주** 20ml / **검은후춧가루** 2g
소금(정제염) 40g / **식용유** 30ml

만드는 법

전처리 하기 위해 물을 끓여 놓는다.

청피망은 3×3cm로 썰어 준비한다.

양파는 3×3cm로 썰어 준비한다.

은행은 껍질을 제거하기 위해 팬에 기름을 두르고 볶으면서 껍질을 제거하고 끓는 물에 데쳐서 기름기를 제거한다.

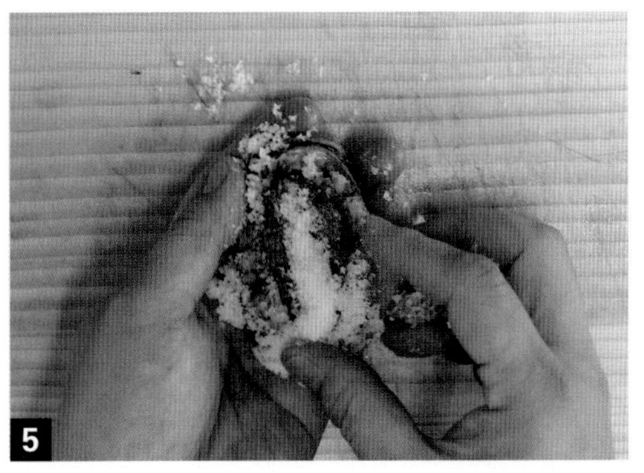

전복은 소금으로 문질러 표면의 이물질을 제거한다.

전복 손질법 23p

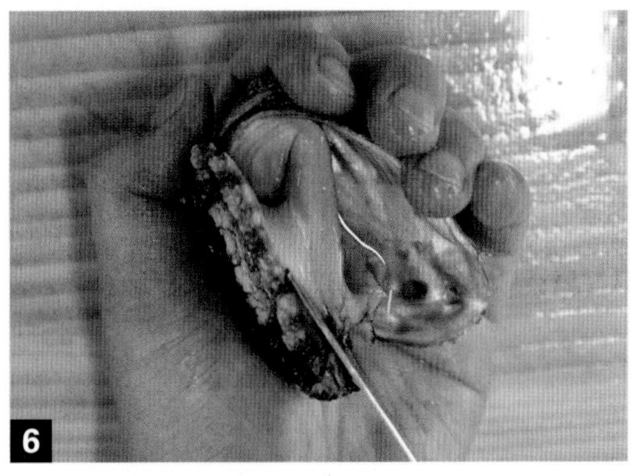

전복을 껍질과 깔끔하게 분리하기 위해 스푼, 나이프(돈까스용) 등을 사용한다.

전복과 껍질을 분리할 때 내장과 몸통을 따로 분리하여 놓는다.

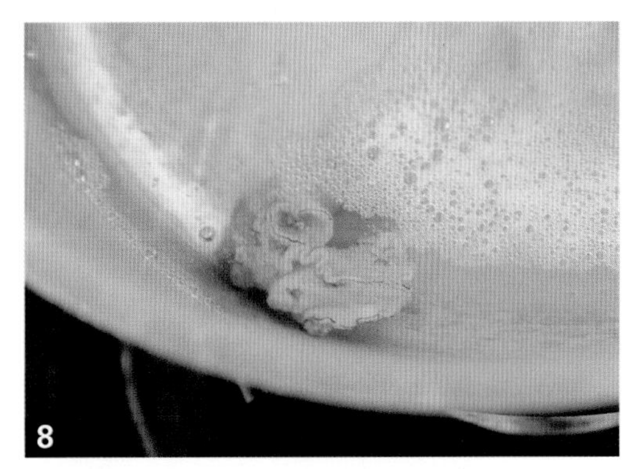

내장의 버선모양 부분의 끝부분(모래주머니)을 잘라 제거하고 끓는 물에 데친다.

전복의 표면에 잔 칼집을 넣고 옆으로 길이 4cm로 썰어 놓는다.

팬에 기름을 두르고 양파, 전복, 내장, 은행, 청피망 순으로 볶아 색을 내고 버터, 소금 5g, 청주 20ml, 후추를 넣어 살짝 볶아 완성한다.

접시의 왼쪽 상단에 깻잎을 올리고 중앙에 볶은 요리를 담는다.

합격포인트

1_ **전복의 몸통과 내장을 깔끔하게 분리하고, 내장의 불순물은 반드시 제거한다.**
2_ **청피망은 가장 마지막에 넣어 윤기 나게 볶는다.**
3_ **타지 않게 볶고, 재료 넣는 순서를 잘 기억한다.**

달걀말이

だしまきたまご — 다시마끼타마고

짝꿍과제

소고기덮밥 30분	90p
도미술찜 30분	108p
우동볶음 30분	95p
메밀국수 30분	99p

요구사항

❶ 달걀과 가다랑어 국물(가쓰오다시), 소금, 설탕, 맛술(미림)을 섞은 후 체에 걸러 사용하시오.

❷ 젓가락을 사용하여 달걀말이를 한 후 김발을 이용하여 사각모양을 만드시오(단, 달걀을 말 때 주걱이나 손을 사용할 경우 감점 처리).

❸ 길이 8cm, 높이 2.5cm, 두께 1cm로 썰어 8개를 만들고, 완성되었을 때 틈새가 없도록 하시오.

❹ 달걀말이(다시마끼)와 간장무즙을 접시에 보기 좋게 담아내시오.

재료

달걀 6개 / **청차조기잎**(시소, 깻잎으로 대체 가능) 2장
가다랑어포(가쓰오부시) 10g / **무** 100g
건다시마(5×10cm) 1장

흰설탕 20g / **소금**(정제염) 10g / **식용유** 50ml
맛술(미림) 20ml / **진간장** 30ml

만드는 법

1
건다시마와 물 100ml를 넣고 끓으면 다시마를 건지고 불을 끈다.

1번 다시 만드는 법 26p

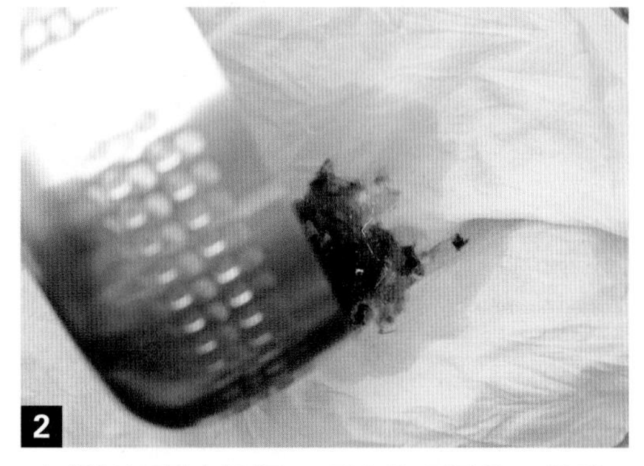

2
가다랑어포를 넣어주고 5분 후 국물을 고운체에 면보를 받친 후 걸러낸 후 다시물 50ml를 계량하여 찬물을 담은 냄비 위에 올려 젓가락을 돌려가며 재빠르게 식혀준다.

3
달걀 6개를 풀어 다시물 50ml, 설탕 20g, 맛술 20ml, 소금 5g을 넣고 섞어준다.

4
체(구멍간격이 넓은 것)를 준비하여 걸러준다.

팬에 기름을 두르고 열을 가하면서 코팅을 해 준다.

팬에 달걀을 한 방울 떨어뜨려 코팅상태와 160℃를 확인한다.

준비된 팬에 기름을 바를 키친타올과 기름그릇을 준비하여 달걀말이 준비를 완성한다.

코팅상태를 확인하고 국자(40~50ml)로 달걀물을 부어준다.

달걀물이 익을 때 기포가 생기면 젓가락을 사용해 기포를 없애 준다.

달걀물이 팬에서 분리가 되었는지 확인하고 달걀이 덜 익은 상태에서 팬 위의 달걀을 위에서 아래로 3~4cm 폭으로 말아간다.

처음 말은 달걀은 위쪽으로 올리고 준비된 키친타올에 식용유를 묻혀 팬에 바른다. 다시 달걀물을 넣고 같은 동작을 반복한다.

달걀물 전량을 사용하여 요구사항의 크기를 맞춘다.

달걀말이가 완성되었으면 틀을 잡기 위해 김발을 이용하여 감싸준다.

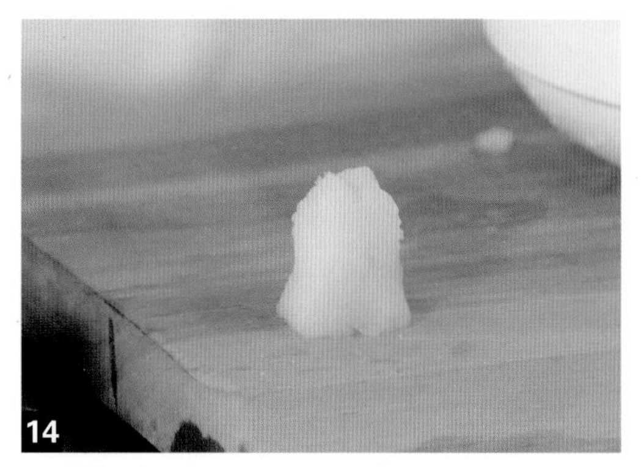

무는 강판에 갈아서 체에 걸러 물기가 촉촉한 상태로 덩어리를 만든다.

김발에서 분리하여 달걀말이를 1cm 두께로 8 등분하여 자른다.

왼쪽 끝에 깻잎을 놓고, 그릇의 가운데 달걀말이를 8개 담고 무즙을 오른쪽 하단에 놓고 그 위에 간장을 얹어 완성한다.

합격포인트

1_ 달걀말이 과정이 중요하니 많이 연습한다.
2_ 달걀물이 묽으면 말기가 힘드므로 달걀말이 양념 다시물의 양에 주의한다.
3_ 뒤집기 조리도구는 반드시 젓가락만 사용한다.
4_ 다시물은 반드시 식힌 후 사용한다.

김초밥

まきずし — 마끼즈시

짝꿍과제

도미머리맑은국 30분	114p
메밀국수 30분	99p
해삼초회 20분	52p
된장국 20분	63p

요구사항

❶ 박고지, 달걀말이, 오이 등 김초밥 속재료를 만드시오.
❷ 초밥초를 만들어 밥에 간하여 식히시오.
❸ 김초밥을 일정한 두께와 크기로 8등분하여 담으시오.
❹ 간장을 곁들여 제출하시오.

재료

김(초밥김) 1장 / **밥**(뜨거운 밥) 200g / **달걀** 2개
박고지 10g / **오보로** 10g
오이(가늘고 곧은 것, 길이 20cm) 1/4개
청차조기잎(시소, 깻잎으로 대체 가능) 1장
통생강 30g

흰설탕 50g / **소금**(정제염) 20g / **식초** 70ml
식용유 10ml / **진간장** 20ml / **맛술**(미림) 10ml

만드는 법

1 초밥초를 식초 60ml, 설탕 40g, 소금 10g의 비율로 계량스푼을 이용하여 준비한다.

2 밥에 ❶의 초밥초를 계량스푼으로 30ml 넣어 비벼준다.

3 전처리 하기 위해 물을 끓여 놓는다.

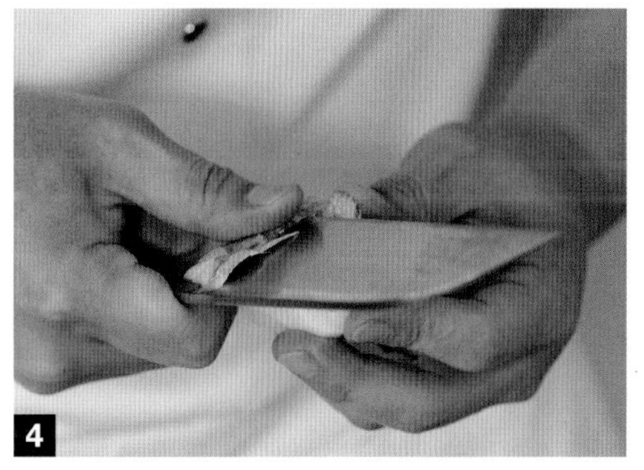

4 생강은 흙을 제거하고 칼을 사용하여 깔끔하게 껍질을 도려낸다.

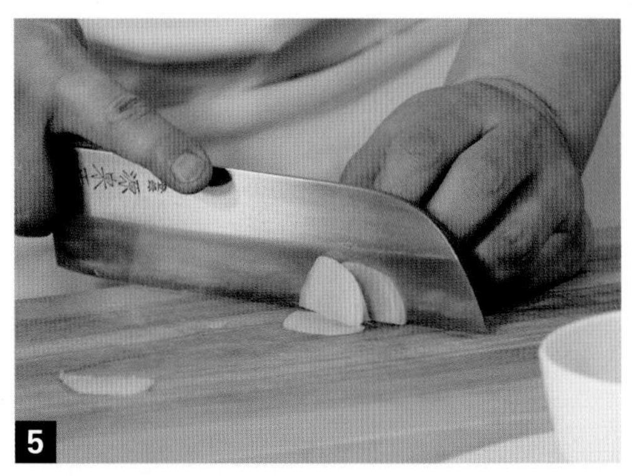

생강은 최대한 얇게 편으로 썰어준다.

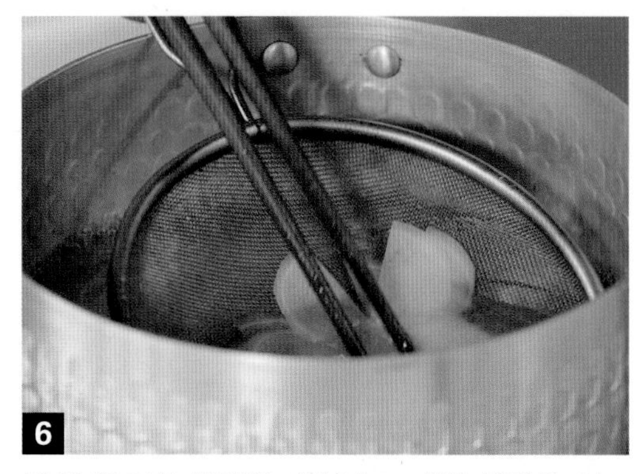

물이 끓으면 생강을 데쳐내고 데친 생강은 여분의 초밥초에 담가 맛을 낸다.

박고지는 일단 물에 삶아 부드럽게 만든다.

삶은 박고지는 냄비에 담아 물 60ml, 간장 15ml, 설탕 15g, 미림 5ml을 넣고 조린다.

오이는 가시를 제거하고 단면은 1×1cm, 길이는 김밥 길이로 자르고, 오이씨를 제거한 후 소금에 절인다.

달걀 2개를 풀어서 물 20ml, 설탕 5g, 맛술 5ml을 넣고 섞은 후 체에 내려 말아낸다.

말은 달걀을 김발에 놓고 모양을 잡는다.

김발에 김을 놓은 후 김의 끝을 3cm 정도로 남기고 밥을 고르게 펴 놓는다.

밥의 가운데를 살짝 눌러놓은 자리에 오보로, 오이, 박고지, 달걀말이 순으로 놓는다.

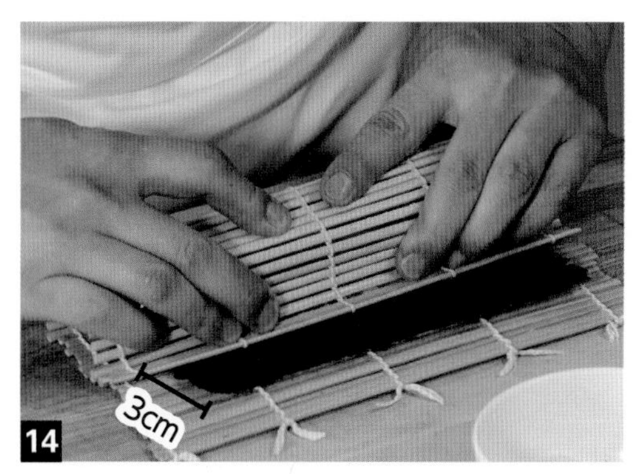

밥의 끝과 끝이 맞닿게 한 번에 끝의 3cm를 남겨 놓고 말아준다.

마지막으로 3cm를 말아준다.

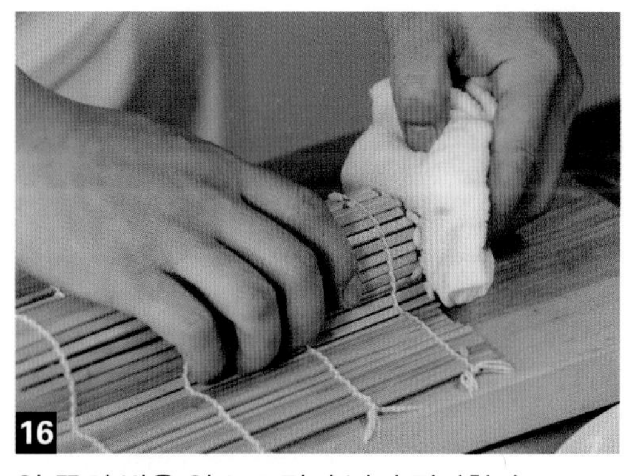

양 끝의 밥을 안으로 밀어 넣어 정리한다.

17 김초밥을 똑같은 크기로 8등분하여 깻잎을 그릇의 왼쪽상단에 놓고 중앙에는 김초밥, 오른쪽 하단에는 초생강을 담는다.

18 간장을 곁들여 제출한다.

합격포인트

1_ 박고지의 색깔에 주의한다.
2_ 박고지는 한 번 삶아서 조린다.
3_ 초밥과 내용물의 양을 맞추어 밥이 밖으로 나오지 않게 주의한다.
4_ 달걀말이의 달걀과 양념 다시는 달걀 2개, 물 20ml, 설탕 5g, 맛술 5ml 비율이다.
5_ 젖은 행주로 칼의 표면을 촉촉하게 닦아 김초밥의 단면이 깔끔하게 보이게 자른다.
6_ 밥은 일정한 높이로 자르고 김 위의 끝선 3cm 남기는 것을 꼭 기억한다.

김 남긴 부분 폭 3cm

3cm 길이

달걀찜

ちゃわんむし — 차완무시

짝꿍과제

소고기덮밥 30분	90p
메밀국수 30분	99p
전복버터구이 25분	67p

요구사항

❶ 은행은 삶고, 밤은 구워서 사용하시오.
❷ 간장으로 밑간한 닭고기와 나머지 재료는 1cm 크기로 썰어 데쳐서 사용하시오.
❸ 가다랑어포로 다시(국물)를 만들어 식혀서 달걀과 섞으시오.
❹ 레몬껍질과 쑥갓을 올려 마무리하시오.

재료

달걀 1개 / **새우**(약 6~7cm) 1마리 / **닭고기살** 20g
은행(겉껍질 깐 것) 2개 / **흰생선살** 20g
어묵(판어묵) 15g / **생표고버섯**(10g) 1/2개 / **밤** 1/2개
가다랑어포(가쓰오부시) 10g / **쑥갓** 10g / **레몬** 1/4개
죽순 10g / **건다시마**(5×10cm) 1장

소금(정제염) 5g / **진간장** 10ml / **청주** 10ml
맛술(미림) 10ml / **이쑤시개** 1개

만드는 법

1 건다시마와 물 200ml를 넣고 끓으면 다시마를 건지고 불을 끈다.

2 가다랑어포를 넣어주고 5분 후 국물을 고운체에 면보를 받친 후 걸러낸다.

1번 다시 만드는 법 26p

3 전처리 하기 위해 물을 끓여 놓는다.

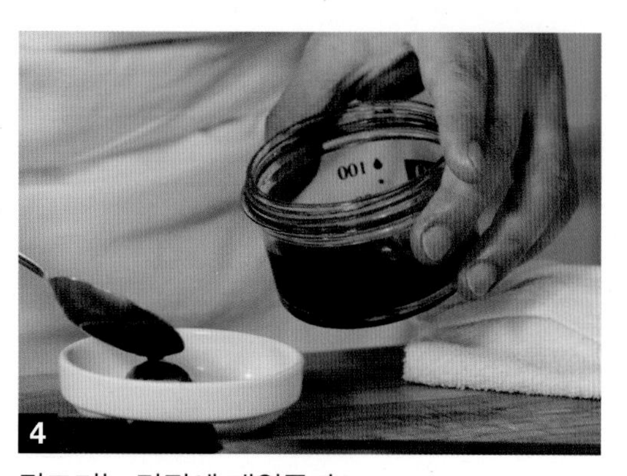

4 닭고기는 간장에 재워둔다.

흰생선살은 사방 1cm 정도의 크기로 잘라 소금에 간하여 데친다.

죽순, 어묵, 표고버섯은 각각 사방 1cm 정도의 크기로 잘라 데쳐낸다.

새우는 이쑤시개로 내장을 제거한 후 데치고 껍질을 벗긴다.

마지막으로 닭고기를 사방 1cm 정도의 크기로 잘라 데친다.

밤은 껍질을 벗겨 쇠꼬챙이에 끼워 굽고 은행은 끓는 물에 넣고 데친 후 껍질을 제거한다.

새우와 구운밤은 1cm 정도 크기의 주사위모양으로 썰어 죽순, 어묵, 표고버섯, 닭고기살, 흰생선살, 은행과 같이 찜 그릇에 담아 놓는다.

쑥갓 잎은 찬물에 담가두고 레몬은 오리발모양으로 만든다.

달걀 1개, 가쓰오 다시물 120ml, 청주 10ml, 미림 10ml, 소금 약간을 섞어 체에 내리고 거품을 제거한다.

찜그릇에 손질한 내용물(닭고기살, 생선살, 어묵, 표고버섯, 밤, 죽순, 새우, 은행)을 담고 달걀물을 넣고 호일을 이용하여 입구를 감싸준다.

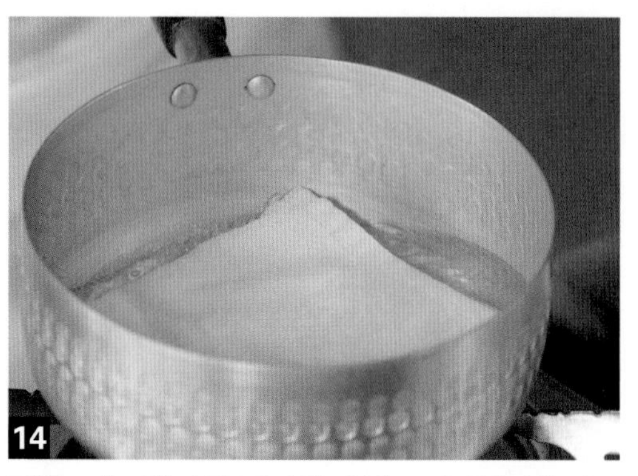

찜통 또는 냄비를 준비하여 반드시 끓을 때 달걀찜 그릇을 넣는다.

뚜껑을 닫고 내부의 열이 밖으로 나가지 않게 센불로 10~11분간 쪄준다.

찜통 또는 냄비의 불을 끈 후 찜 그릇의 호일을 제거하고 달걀의 익힘 상태를 확인한다.

잠깐! 달걀찜 표면에 기포가 없고 매끄러운 상태로 흔들어 주었을 때 탄력이 있으면 잘 쪄진 상태입니다.

17

달걀찜에 쑥갓 잎과 오리발모양 레몬을 얹은 후 호일 뚜껑을 덮고 다시 30초간 놓아두고 호일을 벗긴다.

합격포인트

1_ 찌기 전, 후의 재료를 잘 확인하여 조리한다. 찌고 나서 오리발모양 레몬과 쑥갓잎을 넣는다.

2_ 찜은 물이 끓을 때 넣고 외부의 열기가 밖으로 나가지 않게 뚜껑을 덮어주고 센불에 10~11분 찐다.

삼치소금구이

さわらのしおやき — 사와라노시오야끼

짝꿍과제

갑오징어명란무침 20분	40p
대합맑은국 20분	60p
참치김초밥 20분	43p

요구사항

❶ 삼치는 세장뜨기한 후 소금을 뿌려 10~20분 후 씻고 쇠꼬챙이에 끼워 구워내시오.
❷ 채소는 각각 초담금 및 조림을 하시오.
❸ 구이 그릇에 삼치소금구이와 곁들임을 담아 완성하시오.
❹ 길이 10cm 크기로 2조각을 제출하시오.

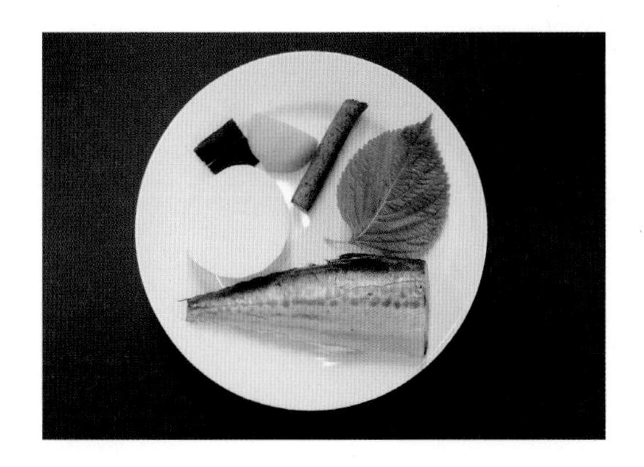

재료

삼치(400~450g) 1/2마리 / **우엉** 60g / **레몬** 1/4개
깻잎 1장 / **무** 50g / **건다시마**(5×10cm) 1장

쇠꼬챙이(30cm) 3개 / **소금**(정제염) 30g
흰참깨(볶은 것) 2g / **흰설탕** 30g / **식용유** 10ml
식초 30ml / **진간장** 30ml / **청주** 15ml
맛술(미림) 10ml

만드는 법

1

물 100ml에 다시마를 넣고 끓여 다시물을 준비한다.

곤부 다시 만드는 법 26p

2

삼치는 머리와 내장 부분을 제거하여 세 장 뜨기하고 잔 칼집을 내고 소금을 뿌려 놓는다.

삼치 손질법 18p

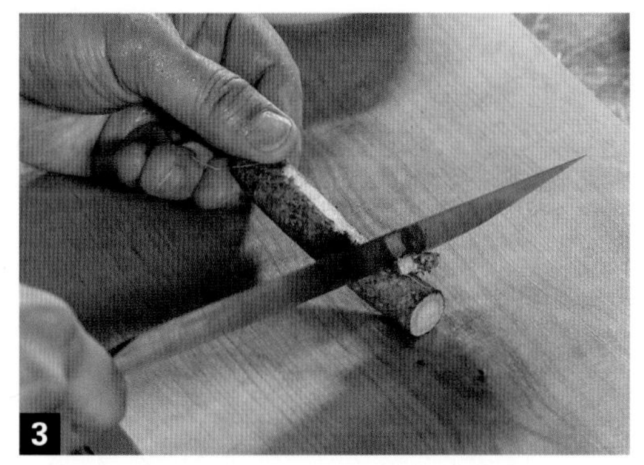

3

깻잎은 찬물에 담가 놓고, 우엉은 칼등으로 껍질을 벗긴다.

4

우엉은 껍질을 벗긴 후 6cm 길이의 나무젓가락 굵기로 3~4등분하여 썰어 찬물에 담가둔다.

팬에 기름을 두르고 물에 담가둔 우엉을 볶은 후에 끓는 물에 데쳐 기름기를 제거한다.

다시물 60ml, 간장 30ml, 설탕 30g, 청주 15ml, 맛술 10ml을 넣고 우엉을 갈색이 나게 조린다.

식초 30ml, 설탕 20g, 소금 5g의 비율로 단촛물을 준비한다.

무 국화꽃모양 만드는 법 17p

무는 가로, 세로로 잔 칼집을 단면이 잘리지 않게 깊이 넣어 소금에 절인 다음 사방 3cm 정도의 주사위모양으로 자른 후 소금기를 제거하고 단촛물에 넣는다.

소금에 절인 삼치를 씻고 난 후 2개의 꼬챙이에 끼워 살 쪽부터 굽는다. 이때 꼬챙이를 살살 돌려가며 굽는다.

살 쪽을 충분히 익힌 후 껍질 쪽을 굽는다.

11

접시의 왼쪽 상단에 깻잎을 깔고 중앙에 구운 삼치 2조각을 올리고, 오른쪽 하단에 무, 레몬, 흰참깨를 바른 우엉을 곁들여낸다.

합격포인트

1_ **삼치 껍질 쪽에 잔칼집을 넣어야 빠르게 익고, 타지 않게 구울 수 있다.**
2_ **삼치의 익힘에 주의하여 살 쪽을 충분히 익힌 후 껍질 쪽을 굽는다.**
3_ **우엉은 반드시 볶아서 기름기를 제거하고 조리한다.**
4_ **우엉은 간장색이 충분이 묻어나게 조리한다.**
5_ **무의 잔 칼집은 세밀하게 낸다.**

재료	조리순서
우엉	껍질 제거 3~4등분 → 색이 나게 볶기 → 기름기 제거 → 조리기 → 깨소금 바르기
무	잔칼집 사방으로 세밀하게 넣기 → 소금에 절이기 → 물로 소금기 제거하기 → 단촛물(초밥초)에 담그기

소고기덮밥

ぎゅうにくのどんぶり — 규니꾸노돈부리

짝꿍과제

도미술찜 30분	108p
달걀말이 25분	71p
전복버터구이 25분	67p
된장국 20분	63p

요구사항

❶ 덮밥용 양념간장(돈부리 다시)을 만들어 사용하시오.
❷ 고기, 채소, 달걀은 재료 특성에 맞게 조리하여 준비한 밥 위에 올려놓으시오.
❸ 김을 구워 칼로 잘게 썰어(하리노리) 사용하시오.

재료

소고기(등심) 60g / **밥**(뜨거운 밥) 120g
양파(중, 150g) 1/3개 / **달걀** 1개 / **실파**(1뿌리) 20g
팽이버섯 10g / **김** 1/4장
가다랑어포(가쓰오부시) 10g / **건다시마**(5×10cm) 1장

흰설탕 10g / **소금**(정제염) 2g / **진간장** 15ml
맛술(미림) 15ml

만드는 법

1 건다시마와 물 100ml를 넣고 끓으면 다시마를 건지고 불을 끈다.

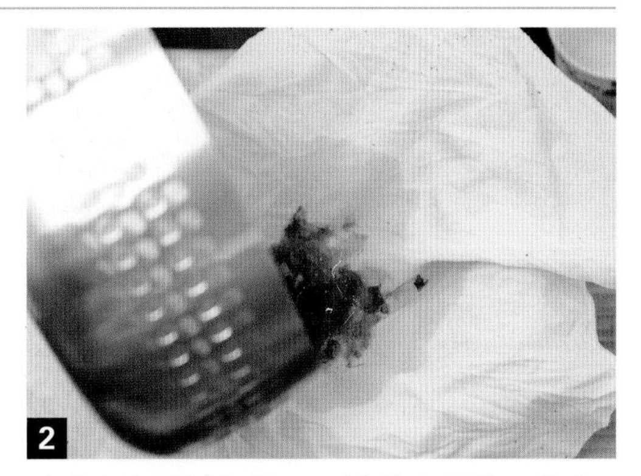

2 가다랑어포를 넣어주고 5분 후 국물을 고운체에 면보를 받친 후 걸러낸다.

1번 다시 만드는 법 26p

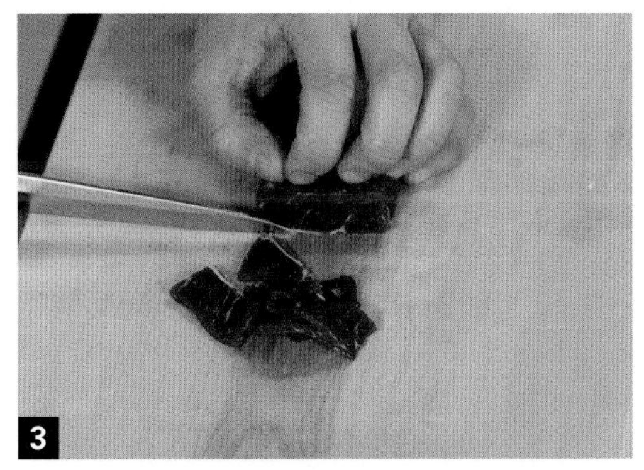

3 소고기는 핏물 제거 후 5×3×0.2cm 편으로 썰어준다.

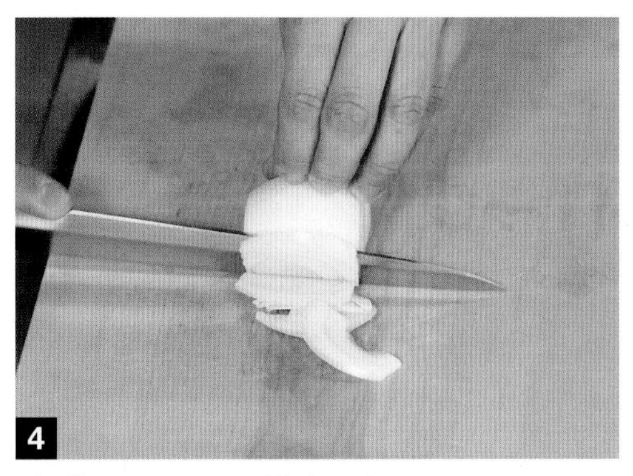

4 양파는 5x0.5cm로 썰어준다.

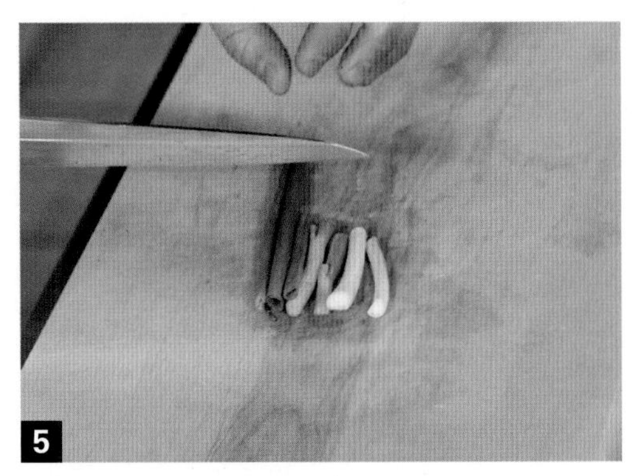

실파는 5cm로 썰어준다.

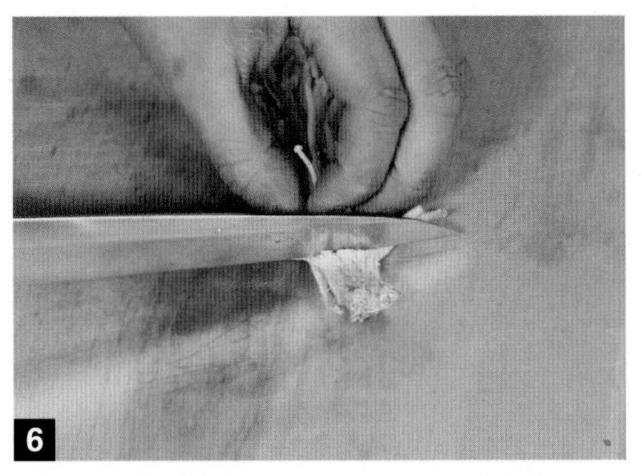

팽이버섯은 밑둥을 자르고 5cm로 썰어준다.

달걀은 약간의 소금을 넣어 가볍게 풀어준다.

밥은 완성그릇에 미리 담아 놓는다.

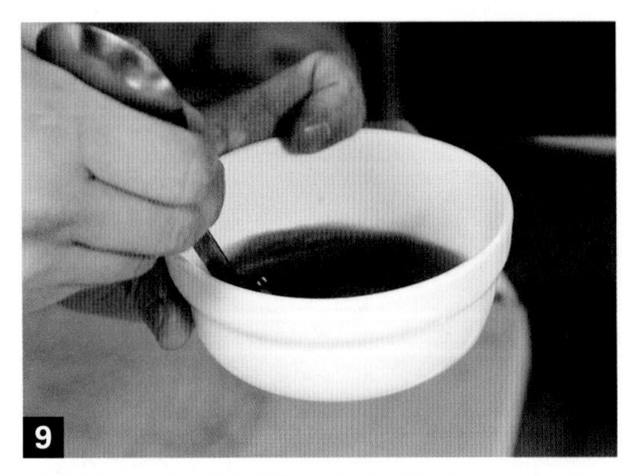

다시물 75ml, 간장 15ml, 맛술 15ml, 설탕 10g, 소금 2g를 넣어 돈부리 다시를 준비한다.

덮밥용 냄비에 양파, 소고기를 얹고, 돈부리 다시를 잔잔하게 깔아주고 끓여준다.

11

소고기가 80% 정도 익었으면, 팽이버섯과 실파를 넣고 익혀준다.

12

⑪의 냄비에 달걀물을 펼치듯 끼얹어 준다.

13

달걀물이 70% 익으면 불을 끈다.

14

밥을 담은 그릇에 덮밥 내용물을 그대로 얹어 준다.

15

김은 살짝 구워서 가늘게 4cm 길이로 최대한 얇게 썰어준다.

잠깐! 김이 눅눅할 경우에는 살짝 구워 사용하고 꼭 데바칼로 썰어줍니다. 김은 미리 썰어두면 눅눅해지고 휘어지기 쉬우므로 제출 직전에 썰어주는 것이 좋습니다.

16

완성된 소고기덮밥에 채 썬 김을 올려 마무리한다.

합격포인트

1_ 조리가 된 모든 재료를 밥 위에 덮기 편하게 넓고 평평한 나무주걱을 사용한다.
2_ 다른 품목의 과제와 함께 시험에 응시할 경우 김은 마지막에 올려 제출한다.
3_ 실파는 길이 5cm로 썰어 조리하므로 다른 과제와 헷갈리지 않는다.
4_ 완성 덮밥의 색깔(다시 5, 간장 1의 비율색), 계란 익힘(70% 익힘), 국물의 양(거의 없게)이 중요하다.

우동볶음(야키우동)

やきうどん — 야끼우동

짝꿍과제

도미머리맑은국 30분	114p
달걀말이 25분	71p
전복버터구이 25분	67p
대합맑은국 20분	60p
갑오징어명란무침 20분	40p

요구사항

❶ 새우는 껍질과 내장을 제거하고 사용하시오.
❷ 오징어는 솔방울 무늬로 칼집을 넣어 1cm × 4cm 크기로 썰어서 데쳐 사용하시오.
❸ 우동은 데쳐서 사용하고, 숙주를 제외한 나머지 채소는 4cm 길이로 썰어 사용하시오.
❹ 가다랑어포(하나가쓰오)를 고명으로 얹으시오.

재료

우동 150g / **작은 새우**(껍질 있는 것) 3마리
갑오징어몸살(물오징어 대체 가능) 50g
양파(중, 150g) 1/8개 / **숙주** 80g / **생표고버섯** 1개
당근 50g / **청피망**(중, 75g) 1/2개
가다랑어포(하나가쓰오, 고명용) 10g

소금 5g / **청주** 30ml / **진간장** 15ml / **맛술**(미림) 15ml
식용유 15ml / **참기름** 5ml

만드는 법

1 전처리 하기 위해 물을 끓여 놓는다.

2 양파를 1×4cm로 썰어준다.

3 당근을 1×4cm로 썰어준다.

4 청피망을 1×4cm로 썰어준다.

생표고버섯을 1×4cm로 썰어준다.

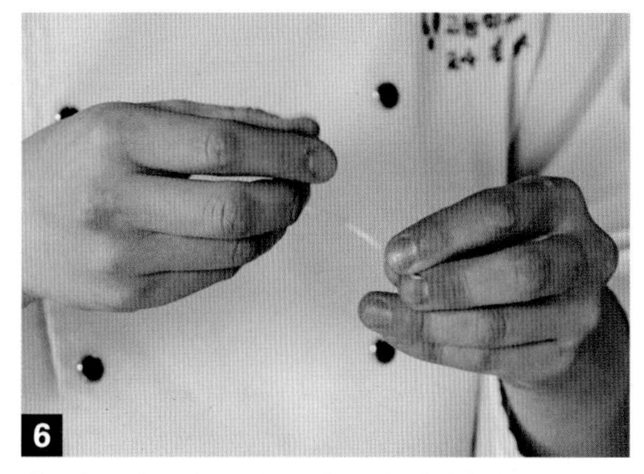

숙주는 머리와 꼬리를 다듬어 씻어 놓는다.

오징어는 껍질을 벗겨 안쪽에 솔방울 무늬로 칼집을 넣고 1×4cm로 썰어 데친다.

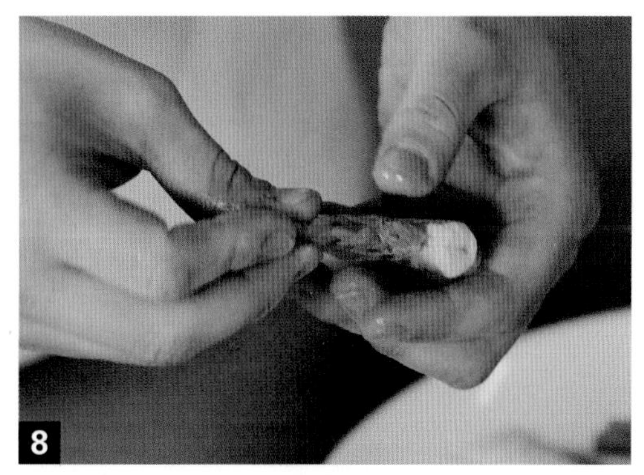

새우는 꼬챙이로 내장을 제거하고 데친 후 껍질을 제거한다.

우동은 끓는 물에 면이 풀어질 정도만 살짝 데치고, 찬물로 2~3회 씻어 전분 성분의 끈적임을 제거하여 체에 밭쳐 놓는다.

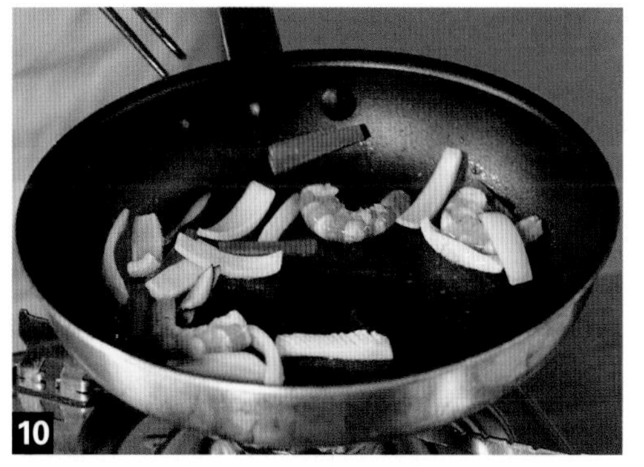

달군 팬에 식용유 20ml를 두르고 당근, 생표고버섯, 양파, 새우, 오징어, 소금을 먼저 넣고 볶는다.

11

다음으로 우동, 숙주, 청피망을 넣고 청주 20ml, 간장 20ml, 미림 20ml의 우동다래를 부어 볶아준다.

다래 양념간장

12

마지막에 참기름 5ml을 넣고 살짝 볶아 완성 접시에 담는다.

13

하나가쓰오를 위에 올려 마무리한다.

하나가쓰오 가다랑어포(고명용)

합격포인트

1_ 모든 재료의 크기를 비슷하게 하고, 우동과 잘 어우러지게 조리한다.

2_ 피망은 처음부터 넣고 볶으면 완성 색이 탁해져 식감이 떨어지니 나중에 우동면과 숙주 넣을 때 같이 볶아준다.

3_ 마지막에 참기름을 넣고 볶아 완성그릇에 담고 하나가쓰오를 꼭 올려 마무리한다.

4_ 우동볶음의 가다랑어포는 고명용이므로 다시물을 내지 않도록 주의한다.

메밀국수(자루소바)

ざるそば — 자루소바

짝꿍과제

달걀찜 30분	81p
김초밥 25분	76p
문어초회 20분	56p
소고기간장구이 20분	48p
갑오징어명란무침 20분	40p

요구사항

❶ 소바다시를 만들어 얼음으로 차게 식히시오.
❷ 메밀국수는 삶아 얼음으로 차게 식혀서 사용하시오.
❸ 메밀국수는 접시에 김발을 펴서 그 위에 올려내시오.
❹ 김은 가늘게 채 썰어(하리노리) 메밀국수에 얹어 내시오.
❺ 메밀국수, 양념(야꾸미), 소바다시를 각각 따로 담아내시오.

재료

메밀국수(생면, 건면 100g 대체 가능) 150g / **무** 60g
실파(2뿌리) 40g / **김** 1/2장 / **고추냉이**(와사비분) 10g
가다랑어포(가쓰오부시) 10g / **건다시마**(5×10cm) 1장
각얼음 200g

흰설탕 25g / **진간장** 50ml / **청주** 15ml
맛술(미림) 10ml

만드는 법

1 건다시마와 물 300ml를 넣고 끓으면 다시마를 건지고 불을 끈다.

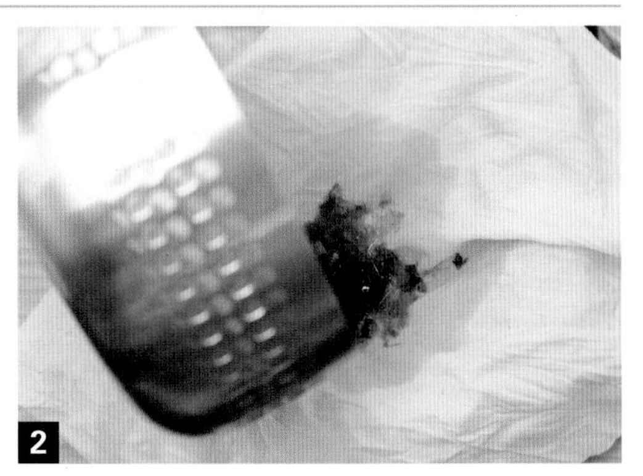

2 가다랑어포를 넣어주고 5분 후 국물을 고운체에 면보를 받친 후 다시물을 걸러낸다.

1번 다시 만드는 법 26p

3 냄비에 소바다시(다시물 210ml, 간장 30ml, 설탕 25g, 청주 15ml, 미림10ml)를 넣고 끓여서 바로 얼음을 넣은 볼에 차게 식힌다.

4 전처리 하기 위해 물을 끓여 놓는다.

무는 강판에 갈아 수분을 뺀다.

실파는 0.3cm로 곱게 송송 썰어 찬물에 헹군 후 면보에 물기를 제거한다.

와사비분은 찬물에 개어 종지그릇에 갈은 무, 실파와 함께 담아준다(야꾸미).

냄비에 물이 끓으면 메밀국수를 삶는다.

삶은 메밀국수는 찬 얼음물에 여러 번 헹궈 김발 위에 사리 2개를 만들어 담는다.

김은 살짝 구워서 가늘게 5cm 길이로 썰어 면 위에 올린다.

11

메밀국수, 소바다시, 야꾸미를 각각 담아 마무리한다.

합격포인트

1_ 메밀국수가 생면일 때와 건면일 때를 구분하여 면이 잘 익도록 조리한다.

2_ 면을 삶아낼 때 물이 끓어오르면 찬물을 2회 끼얹어가며 삶아야 면발이 탱글탱글하다.

3_ 얼음은 메밀국수 씻을 때와 국물 식힐 때 병행하여 사용한다.

도미조림

たいのあらたき — 타이노아라타끼

짝꿍과제

소고기덮밥 30분	90p
참치김초밥 20분	43p

요구사항

❶ 손질한 도미를 5~6cm로 자르고 머리는 반으로 갈라 소금을 뿌리시오.
❷ 머리와 꼬리는 데친 후 불순물을 제거하시오.
❸ 도미를 냄비에 앉혀 양념하고 오토시부타(냄비 안에 들어가는 뚜껑이나 호일)를 덮으시오.
❹ 완성 후 접시에 담고 생강채(하리쇼가)와 채소를 앞쪽에 담아내시오.

재료

도미(200~250g) 1마리 / **우엉** 40g
꽈리고추(2개) 30g / **통생강** 30g
건다시마(5×10cm) 1장

흰설탕 60g / **소금**(정제염) 5g / **청주** 50ml
진간장 90ml / **맛술**(미림) 50ml

만드는 법

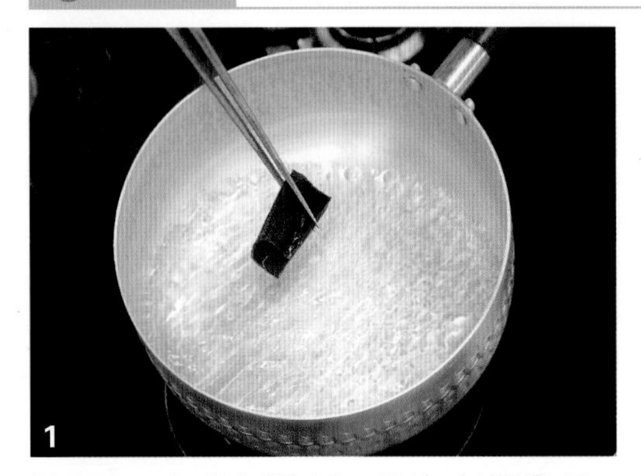

물 300ml에 다시마를 넣고 끓여 다시물을 준비한다.

곤부 다시 만드는 법 26p

전처리 하기 위해 물을 끓여 놓는다.

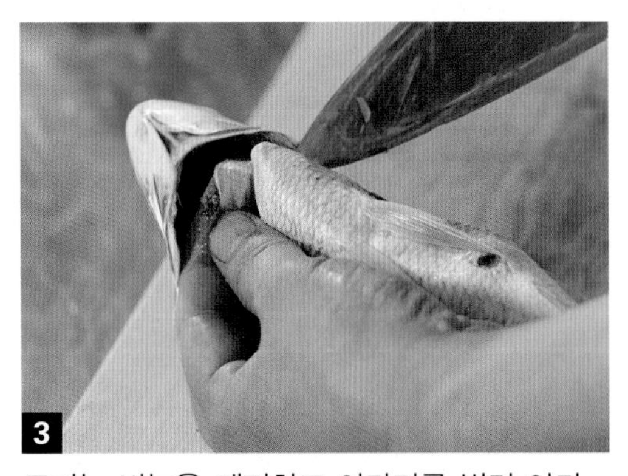

도미는 비늘을 제거하고 아가미를 벌려 아가미와 내장을 제거한다.

도미 손질법 20p

도미머리를 자르고 입 쪽에 가운데 부분에 칼을 넣어 반으로 가른 후, 소금을 뿌려준다.

5

꼬리부분의 살은 4~5cm으로 자르고 ×자로 칼집을 넣고, 꼬리지느러미는 단정하게 V자 모양을 만들고 소금을 뿌려준다.

6

몸통은 두 장 뜨기를 하고 5~6cm로 토막을 내고 도미에 소금을 뿌려 놓는다.

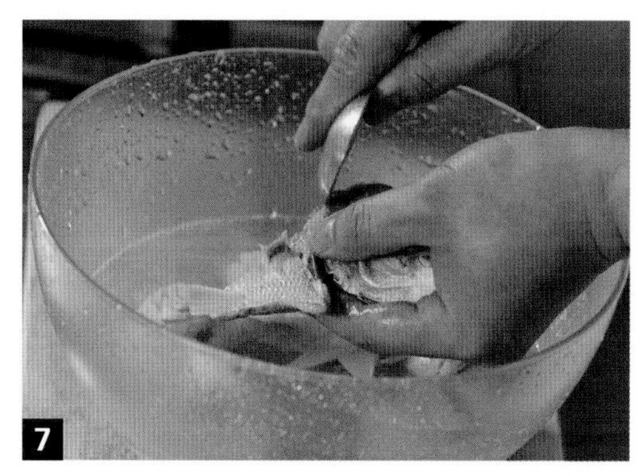

7

도미의 머리와 꼬리를 데친 후 불순물을 제거하고, 물에 씻어 한 번 더 머리 부분의 비늘을 제거한다.

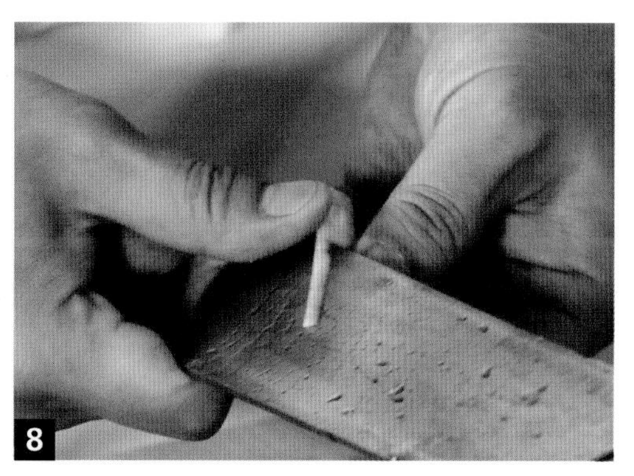

8

우엉은 칼등으로 껍질을 벗겨 길이 6cm 정도의 젓가락 굵기로 썰어 물에 담가 놓는다.

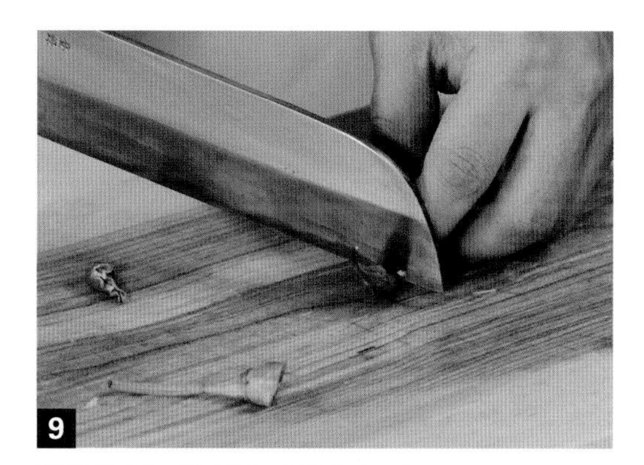

9

꽈리고추는 꼭지를 떼어 놓는다.

10

생강은 최대한 가늘게 채 썰어 물에 3~4회 씻어 담가 놓는다.

11

냄비에 우엉을 깔고 도미를 그 위에 놓은 후 다시물 200ml, 청주 50ml, 맛술 50ml, 설탕 60g을 넣고 호일을 이용하여 뚜껑을 덮는다.

12

⑪의 국물농도가 진하고 끈적인 상태가 되었으면 간장 90ml을 넣고 조린다.

13

완성된 상태가 되었으면 숟가락으로 국물을 끼얹는 동작을 반복하며 윤기 나게 조린다.

14

바닥에 국물이 거의 없을 때 꽈리고추를 넣고 조리며, 윤기와 색을 확인하며 완성한다.

15

그릇 중앙에 몸통, 머리, 꼬리 순으로 담고 냄비에 자작하게 남은 국물을 붓는다.

16

마지막으로 접시 앞쪽에 우엉, 꽈리고추를 담고, 물기를 제거한 채 썬 생강을 오른쪽 하단에 산 모양으로 담아 완성한다.

합격포인트

1_ 도미의 손질순서와 전처리법을 반드시 숙지한다.

2_ 먼저 비린내 제거를 위해 다시, 맛술, 설탕, 청주를 넣은 후에 1차 조린 후, 간장으로 색을 내어 2차로 조려낸다.

3_ 조리 과정이 좋아도 완성색이 나지 않으면 합격이 힘드니 윤기 있는 간장색을 낸다. 만일 지급재료의 간장을 사용해도 도미의 중량이 커서 색이 나지 않는 경우에는 간장, 설탕, 맛술을 좀 더 사용한다.

4_ 생강은 최대한 얇게 채 썰고 3~4회 씻어 준비한다.

5_ 도미손질 시 가위는 되도록 사용하지 않는 것이 좋다. 숙련된 느낌을 주는 칼의 사용이 감독관에게 좋은 평가를 받는다.

6_ 꽈리고추는 살짝 소스를 묻힌다는 느낌으로 색을 살려 조린다.

도미술찜

たいのさかむし — 타이노사카무시

짝꿍과제

소고기덮밥 30분	90p
달걀말이 25분	71p
소고기간장구이 20분	48p

요구사항

❶ 머리는 반으로 자르고, 몸통은 세장뜨기 하시오.
❷ 손질한 도미살을 5~6cm로 자르고 소금을 뿌려, 머리와 꼬리는 데친 후 불순물을 제거하시오.
❸ 청주를 섞은 다시(국물)에 쪄내시오.
❹ 당근은 매화꽃, 무는 은행잎모양으로 만들어 익혀내시오.
❺ 초간장(폰즈)과 양념(야꾸미)을 만들어 내시오.

재료

도미(200~250g) 1마리 / **판두부** 50g
생표고버섯(20g) 1개 / **죽순** 20g / **배추** 50g
당근(둥근 모양으로 잘라서 지급) 60g / **무** 50g
쑥갓 20g / **레몬** 1/4개 / **건다시마**(5×10cm) 1장
실파(1뿌리) 20g

진간장 30ml / **식초** 30ml / **고춧가루**(고운 것) 2g
청주 30ml / **소금**(정제염) 5g

만드는 법

1 물 100ml에 다시마를 넣고 끓여 다시물을 준비한다.

곤부 다시 만드는 법 26p

2 전처리 하기 위해 물을 끓여 놓는다.

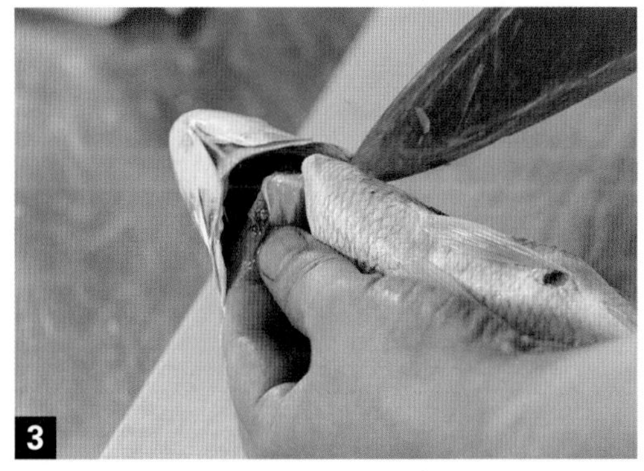

3 도미는 비늘을 제거하고 지느러미를 자른 후 아가미를 벌려 아가미와 내장을 제거한다.

도미 손질법 20p

4 도미머리를 자르고 입 쪽에 가운데 부분에 칼을 넣어 반으로 가른 후, 소금을 뿌려준다.

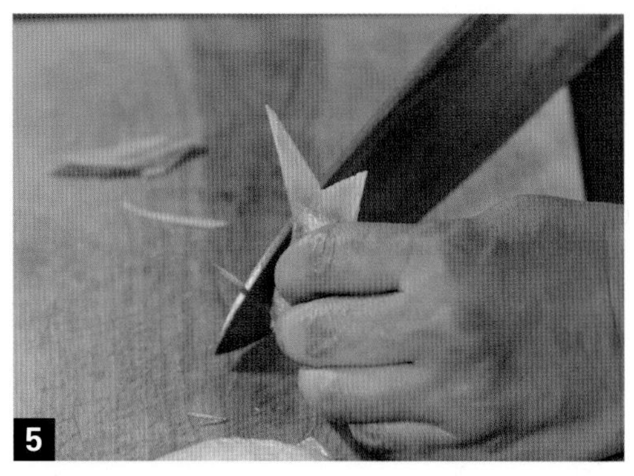

꼬리부분의 살은 4~5cm으로 자르고 ×자로 칼집을 넣고, 꼬리지느러미는 단정하게 V자 모양을 만들고 소금을 뿌려준다.

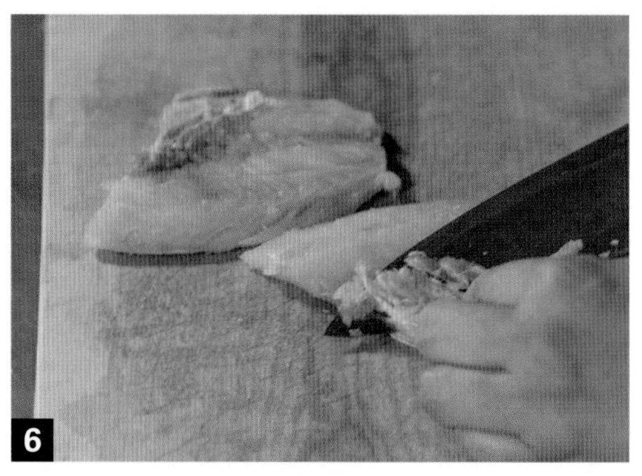

몸통은 세 장 뜨기를 하고 5~6cm로 토막을 내고 소금을 뿌려 놓는다.

도미의 머리와 꼬리를 데친 후 불순물을 제거하고, 물에 씻어 한 번 더 머리 부분의 비늘을 제거한다.

쑥갓의 줄기부분은 배추말이에 이용하고 잎부분은 찬물에 담가 준비한다.

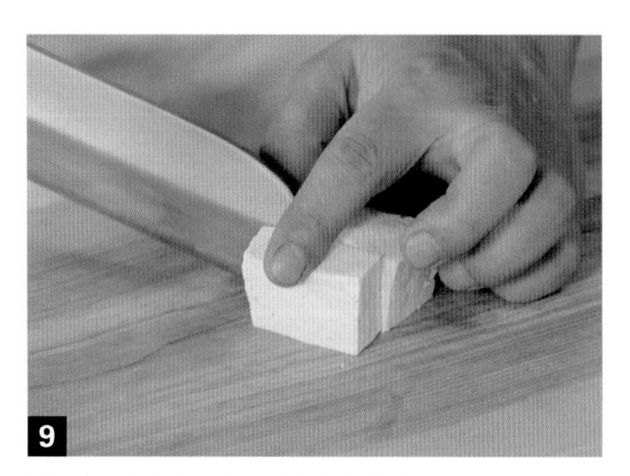

두부는 1.5×4×3cm로 썰어준다.

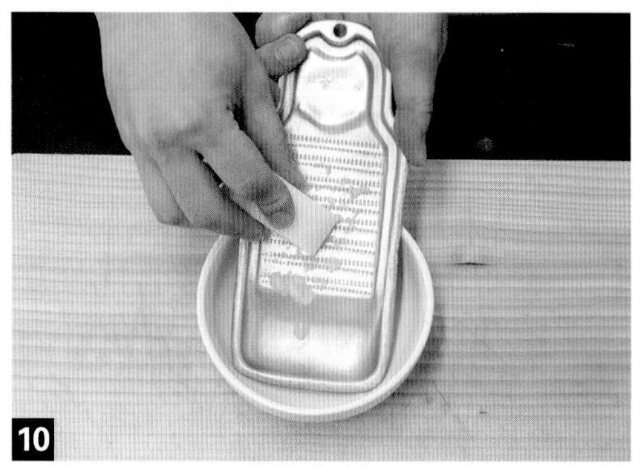

무의 일부분을 강판에 갈아서 체에 내려 물기를 제거하고 촉촉한 상태로 준비한다.

11 고춧가루는 체에 내려 갈아 놓은 무에 섞어 빨간 무즙을 만든다.

12 실파는 최대한 얇게 송송 썰어 준비하고 3~4번 헹구어 면보를 사용하여 물기를 제거한다.

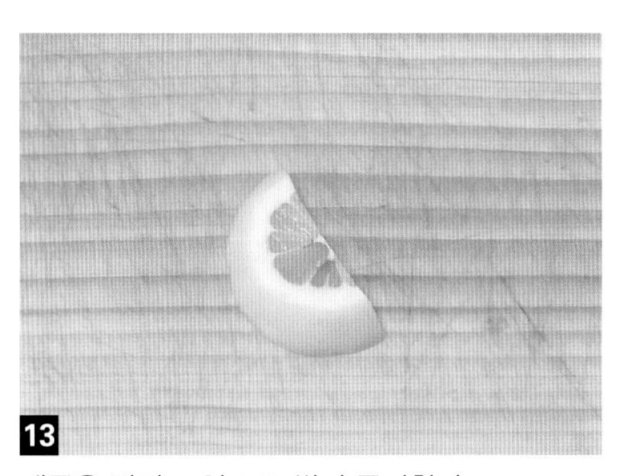

13 레몬은 반달 모양으로 썰어 준비한다.

14 양념그릇에 빨간 무즙, 실파, 레몬을 가지런히 담는다.

기본 야꾸미 만드는 법 25p

15 폰즈는 다시 1, 간장 1, 식초 1의 비율로 준비한다.

썰기법 14p

16 무는 은행잎모양, 당근은 매화꽃모양, 표고버섯은 윗면을 별모양, 죽순은 0.2cm 간격으로 빗살모양으로 자르고, 끓는 물에 모든 채소를 거의 2/3 정도 익히는 정도로 데친다.

17 배추는 큰 잎일 경우는 3등분하고 중간 잎은 2등분하여 쑥갓 대와 함께 데친다.

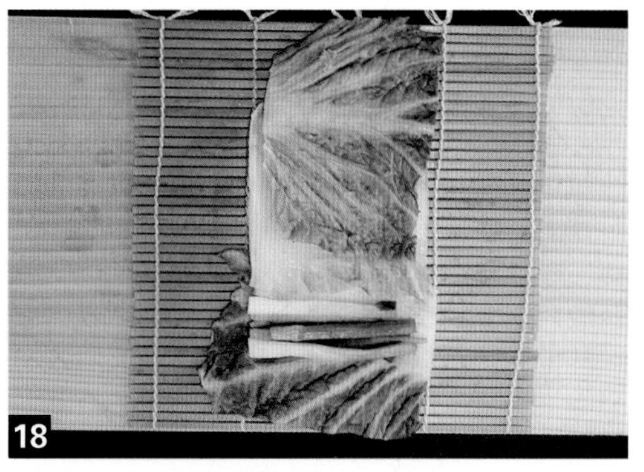

18 김발을 사용하여 배추를 겹쳐 올리고, 그 위에 쑥갓 대를 넣고 김발에 말아 2등분 어슷하게 썰어 준비한다.

배추말이 만드는 법 16p

19 다시물 40ml, 청주 30ml, 소금 5g으로 술찜다시를 만든다.

20 찜 그릇에 배추, 두부, 도미, 당근, 표고버섯, 무, 죽순 순으로 담고 술찜다시를 바닥에 잔잔하게 붓는다.

21 찜 그릇을 호일로 감싸서 냄비에 넣는다.

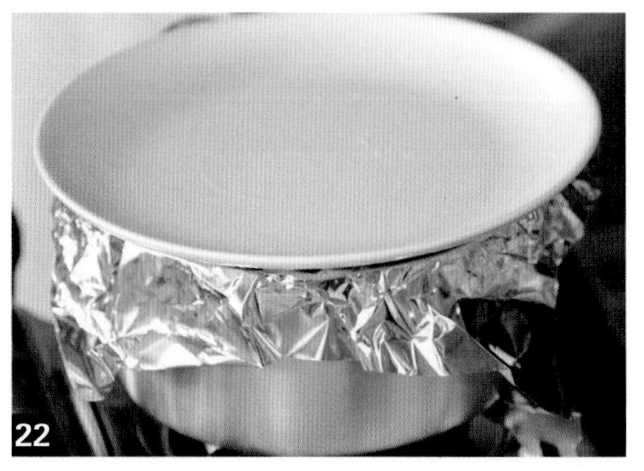

22 호일로 싼 찜을 냄비에 넣고 위에 다시 뚜껑을 덮어 10분 찐다.

23
10분이 경과하면 술찜 재료가 익음을 확인하고 마지막으로 쑥갓을 넣어 숨을 죽인 후 완성한다.

24
폰즈와 야꾸미를 곁들여 완성한다.

합격포인트

1_ **도미와 채소를 반드시 익힌다.**
2_ **도미손질법과 전처리과정을 숙지한다.**
3_ **요구사항에 도미 크기와 상관없이 세장 뜨기를 하라고 되어 있으니 몸통을 세장 뜨기로 손질한다.**
4_ **곁들임 폰즈와 야꾸미를 같이 제출한다.**

도미머리맑은국

たいのすいもの — 타이노스이모노

짝꿍과제

메밀국수 30분	99p
달걀말이 25분	71p
소고기간장구이 20분	48p
참치김초밥 20분	43p

요구사항

❶ 도미머리 부분을 반으로 갈라 50~60g 크기로 사용하시오(단, 도미는 머리만 사용하여야 하고, 도미 몸통(살) 사용할 경우 실격 처리됩니다).
❷ 소금을 뿌려 놓았다가 끓는 물에 데쳐 손질하시오.
❸ 다시마와 도미머리를 넣어 은근하게 국물을 만들어 간 하시오.
❹ 대파의 흰부분은 가늘게 채(시라가네기) 썰어 사용하시오.
❺ 간을 하여 각 곁들일 재료를 넣어 국물을 부어 완성하시오.

재료

도미(200~250g, 도미 과제 중복 시 두 가지 과제에 도미 1마리 지급) 1마리
대파(흰부분, 10cm) 1토막 / **죽순** 30g / **레몬** 1/4개
건다시마(5×10cm) 1장

국간장(진간장 대체 가능) 5ml / **소금**(정제염) 20g
청주 5ml

만드는 법

1 전처리 하기 위해 물을 끓여 놓는다.

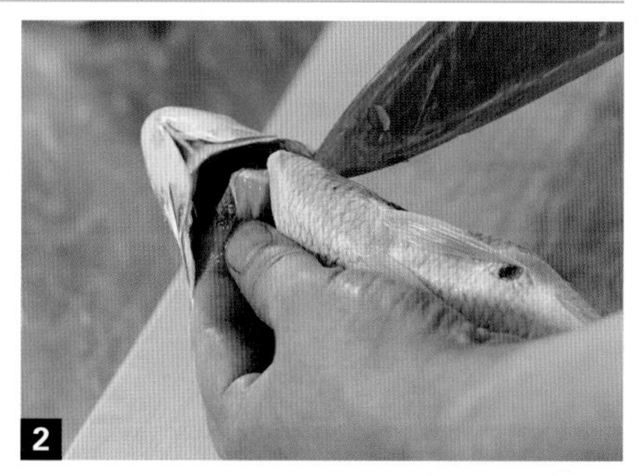

2 도미는 비늘을 제거하고 지느러미를 자른 후 아가미를 벌려 아가미와 내장을 제거한다.

도미 손질법 20p

3 도미머리를 자르고 입 쪽에 가운데 부분에 칼을 넣어 반으로 가른 후, 소금을 뿌려준다.

4 소금에 재워 둔 도미머리는 뜨거운 물을 부어 불순물을 제거하고, 물에 씻어 한 번 더 머리 부분의 비늘을 제거한다.

죽순을 길이 5×0.2×2cm 정도로 부채모양으로 잘라 데친다.

대파는 흰 부분의 길이 8~9cm만 사용하고 칼집을 넣어 안의 기둥을 제거한다.

흰 부분을 반을 갈라서 준비한다.

반을 가른 대파는 접어서 채를 썰어준다.

바늘처럼 가늘게 채 썬 대파는 3~4번 씻어준다.

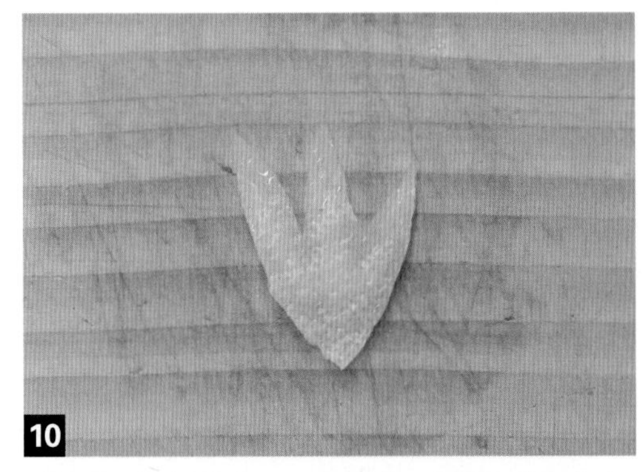

레몬은 껍질 부분으로 오리발 모양을 만든다.

레몬 오리발 모양 만드는 법 18p

냄비에 물 200ml, 도미머리, 다시마를 넣고 끓인다.

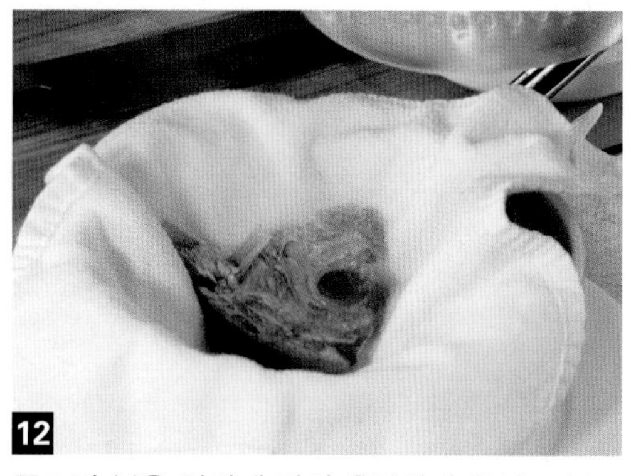

끓으면 불을 약하게 하여 은근하게 끓이고 불순물을 제거하고 면보를 사용해 걸러준다.

거른 국물은 간장 3ml, 소금 3g, 청주 5ml을 넣고 간을 하고 죽순을 넣어 끓여준다.

완성그릇에 도미머리를 가지런히 담아준다.

그릇에 도미머리와 죽순을 먼저 담고 ⑬의 국물을 끓여서 8부 정도 붓는다.

물기를 제거한 채 썬 대파(시라가네기)와 레몬 오리발모양을 올려 완성한다.

합격포인트

1_ 맑은국의 국물양이 작지 않게 8부 정도로 담고 국물색은 탁하지 않게 간장은 최소량만 사용해 넣은 표시만 하면 된다.
2_ 도미머리 손질법과 전처리과정을 숙지한다.
3_ 시라가네기는 최대한 얇게 썰고, 흰부분만을 사용하여 물에 3~4회 헹구어 사용한다.
4_ 도미머리를 넣고 끓일 때 반드시 거품과 이물질을 제거하고, 면보를 사용해 걸러준다.

생선초밥

にぎりずし — 니기리즈시

짝꿍과제

된장국 20분	63p
해삼초회 20분	52p
소고기간장구이 20분	48p

요구사항

❶ 각 생선류와 채소를 초밥용으로 손질하시오.
❷ 초밥초(스시스)를 만들어 밥에 간하여 식히시오.
❸ 곁들일 초생강을 만드시오.
❹ 쥔초밥(니기리즈시)을 만드시오.
❺ 생선초밥은 6종류 8개를 만들어 제출하시오.
❻ 간장을 곁들여 내시오.

재료

참치살(붉은색 참치살, 아까미) 30g
광어살(3×8cm 이상, 껍질 있는 것) 50g
새우(30~40g) 1마리
학꽁치(꽁치, 전어 대체 가능) 1/2마리 / **도미살** 30g
문어(삶은 것) 50g / **밥**(뜨거운 밥) 200g
청차조기잎(시소, 깻잎으로 대체 가능) 1장 / **통생강** 30g
고추냉이(와사비분) 20g

흰설탕 50g / **소금**(정제염) 20g / **식초** 70ml
진간장 20ml / **대꼬챙이**(10~15cm) 1개

만드는 법

1 전처리 하기 위해 물을 끓여 놓는다.

2 청차조기잎을 물에 담가 놓는다.

3 초밥초를 식초 60ml, 설탕 40g, 소금 10g의 비율로 계량스푼을 이용하여 준비한다.

4 밥에 ❸의 초밥초를 계량스푼으로 30ml 넣어 비벼준다.

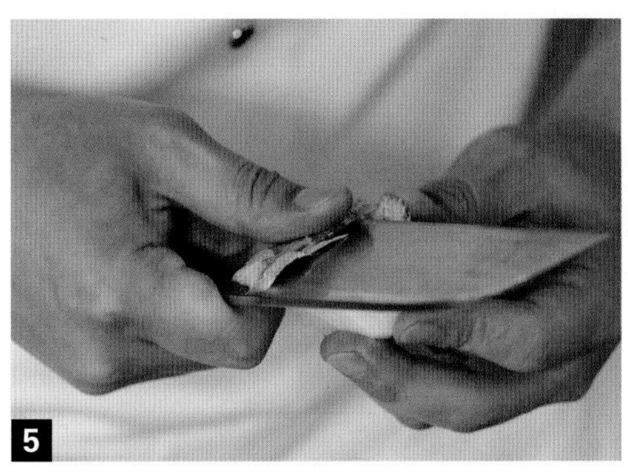

5

생강은 흙을 제거하고 껍질을 제거한다. 스푼을 사용하지 말고 칼을 사용하여 깔끔하게 껍질을 도려낸다.

6

생강은 최대한 얇게 편으로 썰어(두껍지 않게 주의) 끓는 물에 생강을 데쳐낸다.

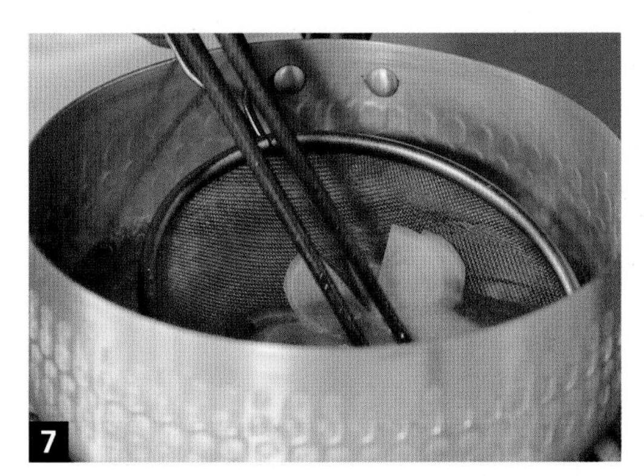

7

데친 생강은 준비한 초밥초에 담가 맛을 낸다.

8

광어와 도미는 껍질을 벗겨 면보에 감싸 불순물을 제거하고, 길이 7cm, 폭 2cm의 초밥용 크기에 맞게 저며서 썬다.

9

참치는 바닷물 농도의 소금물에 담갔다가 건져 면보에 감싸 물기를 제거하고, 초밥용으로 2조각을 썰어 놓는다.

10

문어는 소금으로 이물질을 제거하고, 끓는 물에 넣어 5분 정도 삶는다.

문어 손질법 21p

11

삶은 문어의 촉수 주변에 잔 칼집을 그어 다리 부분의 껍질을 제거한다.

12

문어는 잔물결모양썰기로 오른쪽에서 왼쪽으로 무늬를 내면서 2조각을 썰어 놓는다.

13

학꽁치는 내장·가시·얇은 껍질 제거 후 등 쪽에 잔 칼집을 넣어 준비한다.

14

새우 머리와 내장 제거 → 대꼬챙이로 배 쪽에 꽂기 → 끓는 물에 삶아 찬물에 식히기 → 꼬챙이 빼고 꼬리만 남기고 껍질 제거 → 배 쪽 칼집 넣어 펼치기 → 초밥초에 담그기 → 물기 제거 후 사용

15

와사비분을 찬물에 개어 놓는다.

16

식초물과 와사비 준비 후 최대한 밥이 흐트러지지 않게 덩어리를 만들고 초밥의 형태를 만든다.

초밥 짓는 법 27p

17 그릇에 차조기잎을 왼쪽 상단에 깔고 초밥을 그릇에 사선으로 담는다.

18 초밥 8개를 모두 접시에 고르게 담고 오른쪽 하단에 물기 제거한 초생강을 얹어 완성하고, 간장을 곁들여낸다.

합격포인트

1_ **생선 밖으로 밥이 나오지 않게 초밥을 짓는다.**
2_ **초생강은 최대한 얇게 썰어 준비한다.**
3_ **밥이 풀어지지 않게 초밥을 완성한다.**
4_ **초밥재료의 길이는 7cm로 하고, 폭은 2cm, 두께는 0.3cm로 재료를 일정한 크기로 자른다.**
5_ **초밥용 새우손질을 숙지한다.**

대꼬챙이를 사용하여 배 쪽에 꽂기 → 끓는 물에 새우 넣기 → 찬물에 식히기 → 꼬챙이 제거하기 → 꼬리만 남기고 껍질 제거 → 배 쪽 칼집 넣고 펼쳐주기 → 내장 제거하기 → 찬물에 씻기 → 물기 제거 → 초밥초 담그기 → 물기 제거 → 초밥 짓기

복어조리기능사
실기
시험안내

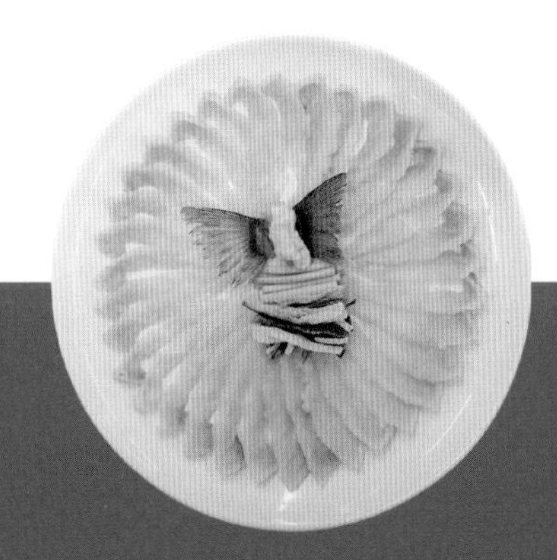

시험안내

자격명 복어조리기능사
영문명 Craftman Cook, Blowfish
관련부처 식품의약품안전처
시행기관 한국산업인력공단

* 필기합격은 2년 동안 유효합니다.

응시자격 필기시험 합격자
응시방법 한국산업인력공단 홈페이지
[회원가입 → 원서접수 신청 → 자격선택 → 종목선택 → 응시유형 → 추가입력 → 장소선택 → 결제하기]
응시료 35,100원

시험일정 정기시험

실기원서접수(인터넷)	실기시험	실기합격(예정자)발표
2월경	3~4월경	4월경
4월경	6월경	6월경
5월경	6월경	7월경
9월경	11월경	12월경

시험문항 복어부위감별, 조리작업
검정방법 작업형
시험시간 56분
합격기준 100점 만점에 60점 이상
합격발표 발표일에 큐넷 홈페이지에서 확인

●합격률

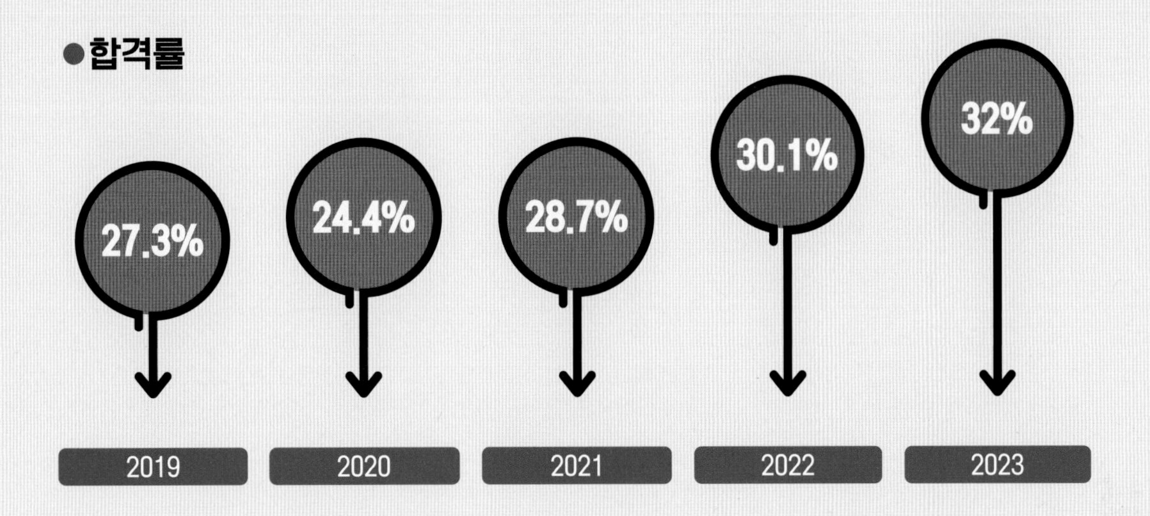

●작업형 실기시험 기본정보

안전등급(safety Level) : 4등급

시험장소 구분	실내
주요시설 및 장비	가스레인지, 칼, 도마 등 조리기구
보호구	긴소매 위생복, 앞치마, 안전화(운동화) 등

●식품위생법 시행령 제36조 (조리사를 두어야 하는 식품접객업자)

식품접객업 중 복어독 제거가 필요한 복어를 조리·판매하는 영업을 하는 경우 해당 식품접객업자는 「국가기술자격법」에 따른 복어 조리 자격을 취득한 조리사를 두어야 한다.

위생상태 및 안전관리 세부기준 안내

위생복 상의	• **전체 흰색, 손목까지 오는 긴소매** – 조리과정에서 발생 가능한 안전사고(화상 등) 예방 및 식품위생(체모 유입방지, 오염도 확인 등) 관리를 위한 기준 적용 – 조리과정에서 편의를 위해 소매를 접어 작업하는 것은 허용 – 부직포, 비닐 등 화재에 취약한 재질이 아닐 것, 팔토시는 긴팔로 불인정 • **상의 여밈은 위생복에 부착된 것이어야 하며 벨크로**(일명 찍찍이), **단추 등의 크기, 색상, 모양, 재질은 제한하지 않음**(단, 핀 등 별도 부착한 금속성은 제외)
위생복 하의	• **색상 · 재질무관, 안전과 작업에 방해가 되지 않는 발목까지 오는 긴바지** – 조리기구 낙하, 화상 등 안전사고 예방을 위한 기준 적용
위생모	• **전체 흰색, 빈틈이 없고 바느질 마감처리가 되어 있는 일반 조리장에서 통용되는 위생모** (모자의 크기, 길이, 모양, 재질(면 · 부직포 등)은 무관)
앞치마	• **전체 흰색, 무릎 아래까지 덮이는 길이** – 상하일체형(목끈형) 가능, 부직포 · 비닐 등 화재에 취약한 재질이 아닐 것
마스크	• **침액을 통한 위생상의 위해 방지용으로 종류는 제한하지 않음** (단, 감염병 예방법에 따라 마스크 착용 의무화 기간에는 '투명 위생 플라스틱 입가리래'는 마스크 착용으로 인정하지 않음)
위생화 (작업화)	• **색상 무관, 굽이 높지 않고 발가락 · 발등 · 발뒤꿈치가 덮여 안전사고를 예방할 수 있는 깨끗한 운동화 형태**
장신구	• **일체의 개인용 장신구 착용 금지**(단, 위생모 고정을 위한 머리핀 허용)
두발	• **단정하고 청결할 것, 머리카락이 길 경우 흘러내리지 않도록 머리망을 착용하거나 묶을 것**
손/손톱	• **손에 상처가 없어야 하나, 상처가 있을 경우 보이지 않도록 할 것** (시험위원 확인 하에 추가 조치 가능) • **손톱은 길지 않고 청결하며 매니큐어, 인조손톱 등을 부착하지 않을 것**
폐식용유 처리	• **사용한 폐식용유는 시험위원이 지시하는 적재장소에 처리할 것**
교차오염	• **교차오염 방지를 위한 칼, 도마 등 조리기구 구분 사용은 세척으로 대신하여 예방할 것** • **조리기구에 이물질**(테이프 등)**을 부착하지 않을 것**
위생관리	• **재료, 조리기구 등 조리에 사용되는 모든 것은 위생적으로 처리하여야 하며, 조리용으로 적합한 것일 것**
안전사고 발생 처리	• **칼 사용**(손 빔) **등으로 안전사고 발생 시 응급조치를 하여야 하며, 응급조치에도 지혈이 되지 않을 경우 시험진행 불가**
눈금표시 조리도구	• **눈금표시된 조리기구 사용 허용**(실격 처리되지 않음, 2022년부터 적용) (단, 눈금표시에 재어가며 재료를 써는 조리작업은 조리기술 및 숙련도 평가에 반영)
부정 방지	• **위생복, 조리기구 등 시험장 내 모든 개인물품에는 수험자의 소속 및 성명 등의 표식이 없을 것** (위생복의 개인 표식 제거는 테이프로 부착 가능)
테이프 사용	• **위생복 상의, 앞치마, 위생모의 소속 및 성명을 가리는 용도로만 허용**

* 위 내용은 안전관리인증기준(HACCP) 평가(심사) 매뉴얼, 위생등급 가이드라인 평가 기준 및 시행상의 운영사항을 참고하여 작성된 기준입니다.

수험자 지참 준비물

※ 2024년 기준. 큐넷 홈페이지**[국가자격시험 〉 실기시험 안내 〉 수험자 지참 준비물]**에서 최신 자료를 확인하세요.

- ☐ 위생복★(상의–흰색, 긴소매 / 하의–긴바지, 색상 무관) 1벌
- ☐ 위생모★(흰색) 1ea
- ☐ 앞치마★(흰색, 남녀공용) 1ea
- ☐ 마스크★ 1ea
- ☐ 칼(조리용칼, 칼집포함) 1ea
- ☐ 도마★(흰색 또는 나무도마) 1ea
- ☐ 계량스푼 1ea
- ☐ 계량컵 1ea
- ☐ 가위 1ea
- ☐ 냄비★ 1ea
- ☐ 밥공기 1ea
- ☐ 국대접(기타 유사품 포함) 1ea
- ☐ 접시(양념접시 등 유사품 포함) 1ea
- ☐ 종지 1ea
- ☐ 숟가락(차스푼 등 유사품 포함) 1ea
- ☐ 젓가락 1ea
- ☐ 국자 1ea
- ☐ 주걱 1ea
- ☐ 강판 1ea
- ☐ 쇠조리(혹은 체) 1ea
- ☐ 집게 1ea
- ☐ 볼(bowl) 1ea
- ☐ 종이컵 1ea
- ☐ 위생타올(키친타올, 휴지 등 유사품 포함) 1장
- ☐ 면포/행주(흰색) 1장
- ☐ 비닐팩(위생백, 비닐봉지 등 유사품 포함) 1장
- ☐ 랩 1ea
- ☐ 호일 1ea
- ☐ 이쑤시개(산적꼬치 등 유사품 포함) 1ea
- ☐ 상비의약품(손가락골무, 밴드 등) 1ea
- ☐ 볼펜★(검정색) 1ea
- ☐ 수정테이프(수정액 제외) 1ea

★ 시험장에도 준비되어 있음(도마 고정 보조용품(실리콘 등) 사용가능)
★ 위생복장(위생복, 위생모, 앞치마, 마스크)을 착용하지 않을 경우 채점대상에서 제외(실격)됩니다.
★ 필수 지참

- 지참준비물의 수량은 최소 필요수량이므로 수험자가 필요시 추가 지참 가능
- 지참준비물은 일반적인 조리용으로 기관명, 이름 등 표시가 없는 것
- 지참준비물 중 수험자 개인에 따라 과제를 조리하는데 불필요하다고 판단되는 조리기구는 지참하지 않아도 무방
- 지참준비물 목록에는 없으나 조리에 직접 사용되지 않는 조리 주방용품(수저통 등)은 지참 가능
- 수험자지참준비물 이외의 조리기구를 사용한 경우 채점대상에서 제외(실격)

수험자 유의사항

1 만드는 순서에 유의하며, 위생과 숙련된 기능평가를 위하여 조리작업 시 맛을 보지 않습니다.

2 지정된 수험자지참준비물 이외의 조리기구나 재료를 시험장 내에 지참할 수 없습니다.

3 지급재료는 시험 전 확인하여 이상이 있을 경우 시험위원으로부터 조치를 받고 시험 중에는 재료의 교환 및 추가지급은 하지 않습니다.

4 요구사항 및 지급재료의 규격은 "정도"의 의미를 포함하며, 재료의 크기에 따라 가감하여 채점됩니다.

5 위생복, 위생모, 앞치마, 마스크를 착용하여야 하며, 시험장비 · 조리기구 취급 등 안전에 유의합니다.

6 다음 사항은 실격에 해당하여 채점 대상에서 제외됩니다.

① 수험자 본인이 시험 도중 시험에 대한 포기 의사를 표현하는 경우
② 위생복, 위생모, 앞치마, 마스크를 착용하지 않은 경우
③ 시험시간 내에 과제 세 가지를 제출하지 못한 경우
④ 독제거 작업과 작업 후 안전처리가 완전하지 않은 경우
⑤ 완성품을 요구사항의 과제(요리)가 아닌 다른 요리(㉠ 복어회→복어초밥)로 만든 경우
⑥ 불을 사용하여 만든 조리작품이 작품특성에서 벗어나는 정도로 타거나 익지 않은 경우
⑦ 지정된 수험자지참준비물 이외의 조리기술에 영향을 줄 수 있는 기구를 사용한 경우
⑧ 가스레인지 화구 2개 이상(2개 포함) 사용한 경우
⑨ 시험 중 시설 · 장비(칼, 가스레인지 등) 사용 시 시험위원 및 타수험자의 시험 진행에 위해를 일으킬 것으로 시험위원 전원이 합의하여 판단한 경우
⑩ 부정행위에 해당하는 경우

7 항목별 배점은 위생/안전 10점, 복어감별 5점, 조리기술 70점, 작품의 평가 15점입니다.

8 제1과제 복어부위감별 작성시 비번호 및 답안작성은 검은색 필기구만 사용하여야 하며, 그 외 연필류, 유색 필기구, 지워지는 펜 등의 필기구를 사용하여 작성할 경우 0점 처리되오니 불이익을 당하지 않도록 유의해 주시기 바라며, 답안 정정 시에는 정정하고자 하는 단어에 두 줄(=)을 긋고 다시 작성하거나 수정테이프(수정액 제외)를 사용하여 정정하시기 바랍니다.

9 시험시작 전 가벼운 몸 풀기(스트레칭) 동작으로 긴장을 풀고 시험을 시작합니다.

1과제 복어부위감별(1분),
2과제 조리작업(55분)입니다.
주어진 시간 내에 3가지 과제를 만들어 제출하세요.

※ 채소를 먼저 손질하고 복어를 손질하는 편이 시간을 줄일 수 있습니다.

1 과제 복어부위감별

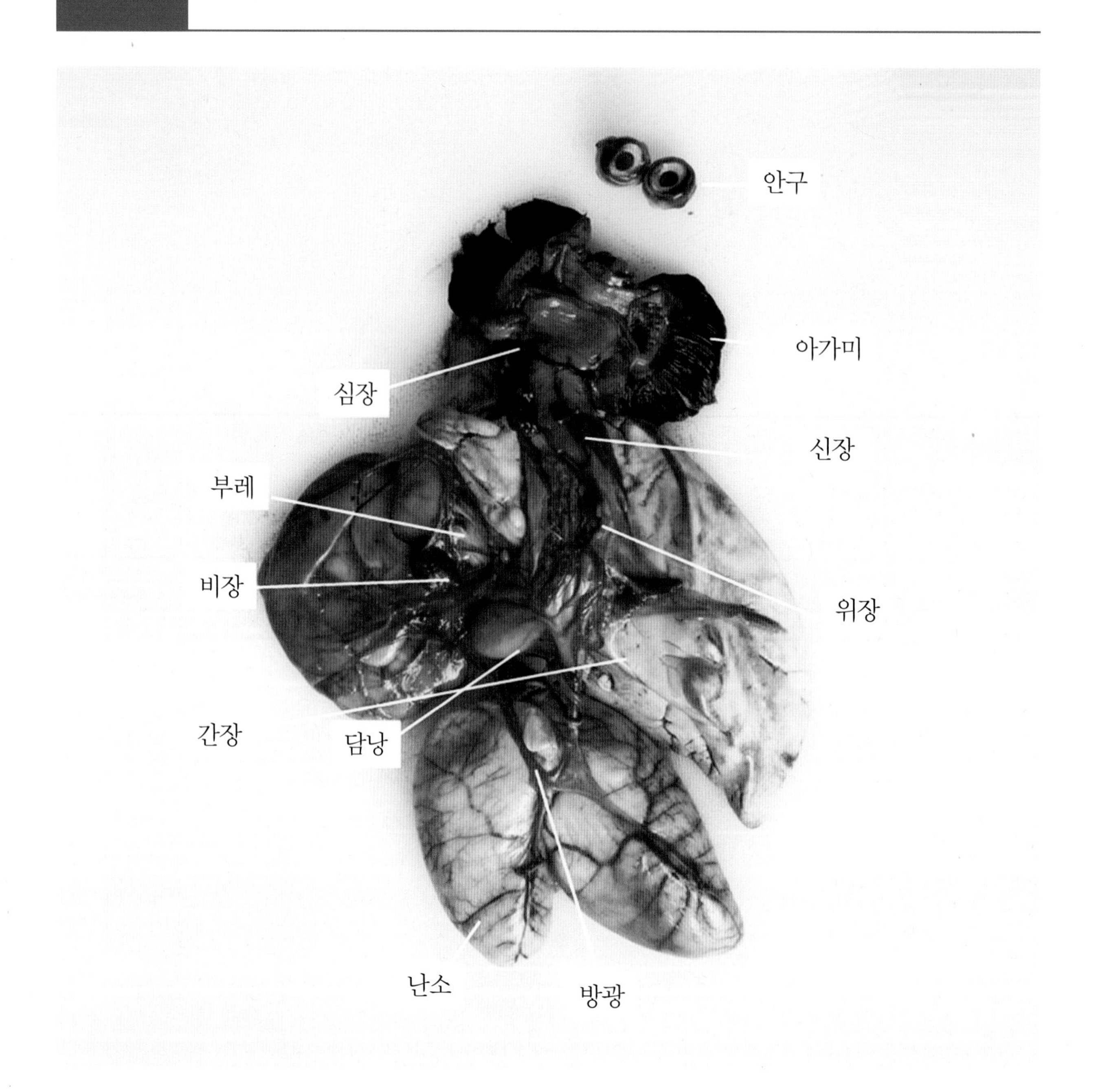

요구사항

제시된 복어부위별 사진을 보고 1분 이내에 부위별 명칭을 답안지의 네모칸 안에 작성하여 제출하시오.

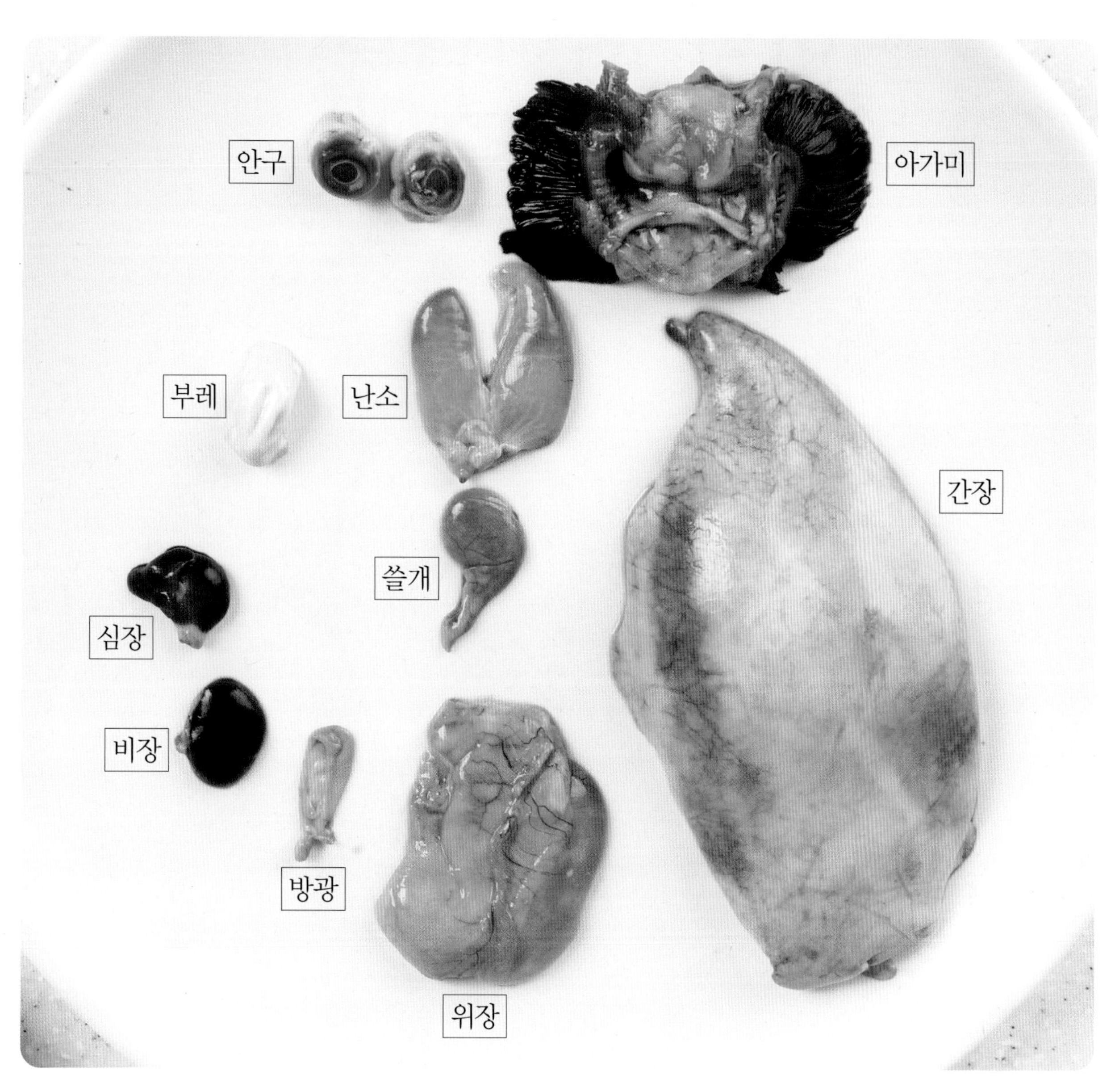

<table>
<tr><td rowspan="2">복어의 생식기</td><td>구분</td><td>정소 (수컷)</td><td>난소 (암컷)</td></tr>
<tr><td>특징</td><td>표면이 우유빛이며 흰색이고 혈관이 없으며 식용가능함</td><td>표면이 난황생으로 많은 혈관이 보이며 미세한 조직의 입자를 조이며 식용불가함</td></tr>
</table>

2 과제 복어회, 복어껍질초회, 복어죽(조우스이)

요구사항

❶ 소제와 제독작업을 철저히 하여 복어회, 복어껍질초회, 복어죽을 만드시오.

❷ 복어의 겉껍질과 속껍질을 분리하여 손질하고 가시는 제거하시오.

재료

복어(700g) 1마리 / **무** 100g / **생표고버섯**(중) 1개
당근(곧은 것) 50g / **미나리**(줄기부분) 30g
실파(쪽파 대체 가능, 2줄기) 30g / **레몬** 1/6쪽
건다시마(5×10cm) 2장 / **밥**(햇반 또는 찬밥) 100g
김 1/4장 / **달걀** 1개 / **진간장** 30ml

소금(정제염) 10g / **고춧가루**(고운 것) 5g / **식초** 30ml

※ 교재에서는 은밀복으로 조리하였는데 실제 시험장에서는 은밀복 혹은 까치복, 참복이 제공될 수 있습니다.

까치복　　참복

죽(조우스이=雜炊)

끓는 맛국물에 밥을 넣어 어패류나 야채류 등의 내용물을 첨가하여서 매끈하게 끓인 것. 찬밥을 소쿠리에 넣어서 가볍게 물에 씻은 것을 사용한다. 찰기가 나오지 않게 하고, 산뜻하게 마무리한 것이 맛있다. 너무 끓이지 않고 만들어지면 곧바로 먹는 것이 아주 맛있게 먹는 방법이다. 먹을 때는 적당히 여러 가지 양념을 참가하면 별미이다.
새우죽, 자라죽, 굴죽, 닭백숙죽, 큰실말죽, 버섯죽 등이 있다.

출처 김원일. 1993. 정통일본요리. 형설출판사. p494

합격포인트

실파의 사용이 헷갈리시죠? 실파는 4cm로 자르는 게 아니라 복어회에서는 야꾸미(양념)로, 복어껍질초회와 복어죽에서는 고명으로 사용됩니다. 실파는 모든 과제 공통 재료로 사용되오니 미리 파란 부분만 송송 썰어 준비하세요.

복어회

2과제-①

ふぐさし — 후구사시

요구사항

회는 얇게 포를 떠 국화꽃 모양으로 돌려 담고, 지느러미·껍질·미나리를 곁들이고, 초간장(폰즈)과 양념(야꾸미)을 따로 담아내시오.

재료를 확인하고 복의 상태를 확인하여 너무 크기가 작거나 냄새가 심하면 교체해달라고 한다.

복어 전처리 방법 28p

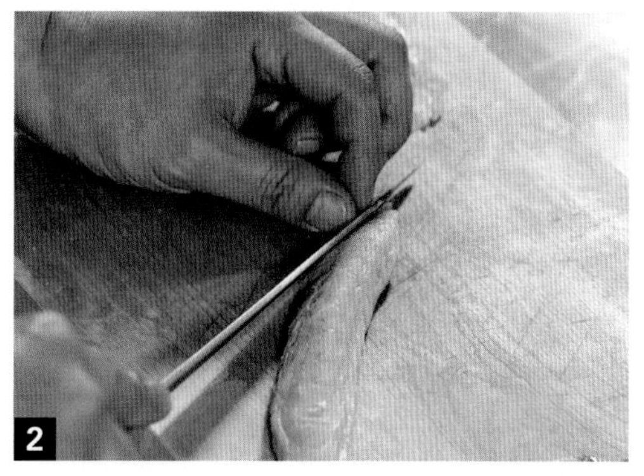

포를 뜬 복어 겉 부분의 질긴 막을 도려내고 소금물에 씻어 물기를 제거한다.

질긴 막은 살짝 데쳐서 복어회의 나비장식에 몸통으로 사용한다.

가시를 제거한 껍질은 데치고 찬물에 담가 식힌 후 물기를 제거한 후 길이 4×0.3cm로 데바칼을 사용하여 채를 썬다.

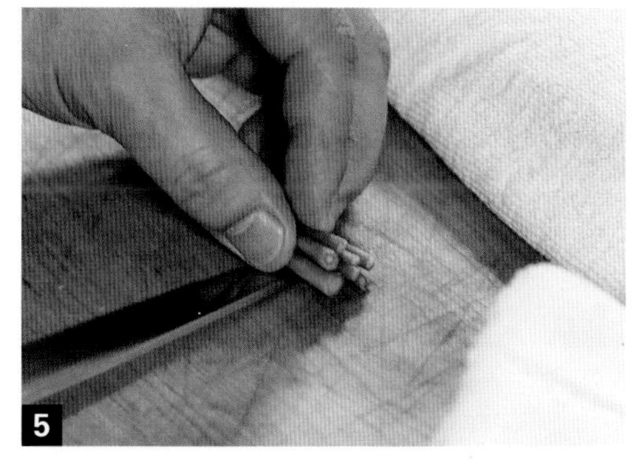

잎을 제거한 미나리는 길이 5cm 정도로 잘라 둔다.

양 옆의 같은 모양의 지느러미는 물로 깨끗이 씻은 후 접시에 펼쳐 나비모양을 만들어 가스레인지 옆에 가지런히 말려둔다.

복어회의 살의 높이가 3cm 이상이면 횡단면을 잘라 2등분한다. 꼬리에서 머리 쪽으로 포를 뜬다.

복어 전처리 방법 31p

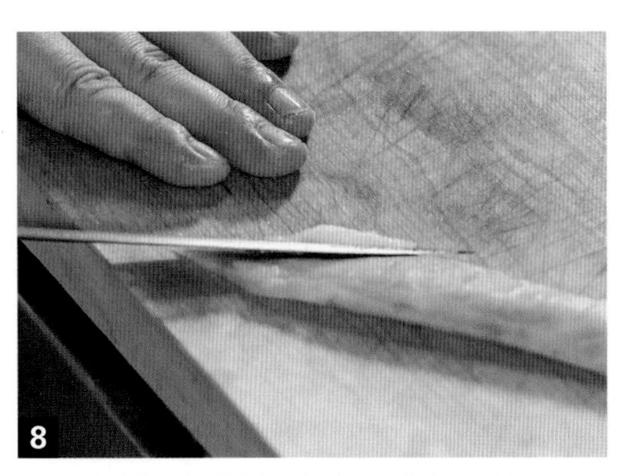

사시미칼을 최대한 눕혀 회를 얇게 뜬다.

끝선을 접어서 접시의 최초 12시 방향에 담아 놓고 반시계 방향으로 돌려가면서 국화꽃모양의 회를 담아낸다.

잘린 살의 윗부분을 끝 부분을 접고 접시의 끝선을 맞추어 같은 동작을 반복해서 담는다.

복어회를 담은 후 지느러미를 이용하여 국화모양의 중앙에 나비 날개를 만들고, 데친 살은 나비 몸통, 채 썬 껍질과 미나리를 담아 완성한다.

건다시마 1장, 물 200ml를 넣고 끓으면 다시마를 건지고 불을 끈다. (폰즈용)

기본 야꾸미 만드는 방법 25p

물을 올린다.

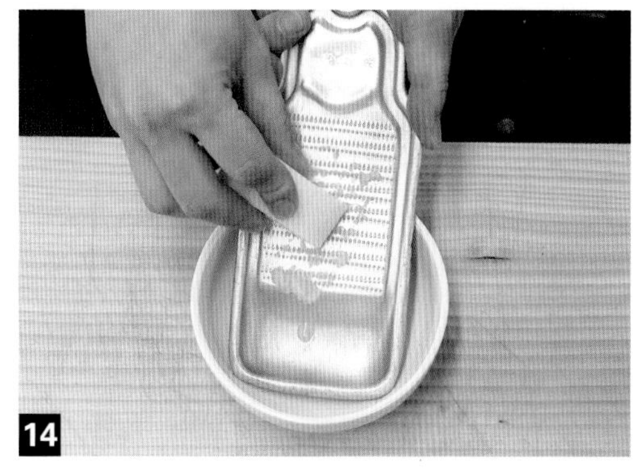

무의 일부분을 강판에 갈아서 체에 내려 물기를 제거하고 촉촉한 상태로 준비한다.

고춧가루를 체에 내려 갈아 놓은 무에 섞어 빨간 무즙을 만든다.

실파는 최대한 얇게 썰어 준비하고 3~4번 헹구어 면보로 물기를 제거한다.

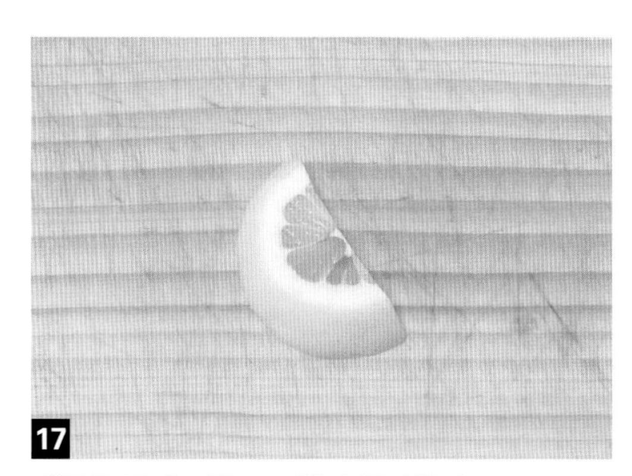

레몬은 반달모양으로 썰어 준비한다.

18

양념그릇에 빨간 무즙, 실파, 레몬을 가지런히 담는다. 25p 참고

19

맑은탕 폰즈는 다시 1, 간장 1, 식초 1의 비율로 준비한다.

합격포인트

1_ 일정한 크기와 두께로 회를 떠야 한다.

2_ 가운데 임의의 꼭지점을 세겨 놓고 접시의 끝선을 기준으로 균일한 폭을 유지해서 담아야 한다(시계반대방향을 반드시 돌릴 것 : 왼손잡이도 같음).

3_ 복어 횟감의 전량을 사용해 최대한 많이 담아야 한다.

4_ 복어 횟감 전처리시 주변의 질긴 살은 반드시 제거해야 한다(아깝다고 제거하지 않으면 복어 주변의 흰 막이 보여 감점).

복어껍질초회

2과제-②

ふぐかわのすのもの — 후구가와노스노모노

요구사항

복어껍질초회는 껍질, 미나리를 4cm 길이로 썰어 폰즈, 실파·빨간무즙(모미지오로시)을 사용하여 무쳐내시오.

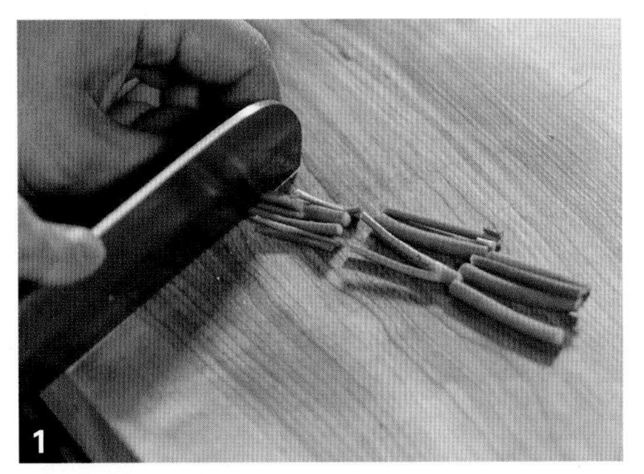

1

실파는 송송 썰고, 미나리의 잎 부분은 제거하고 줄기부분을 4cm 길이로 자른다.

2

가시 제거한 복어 껍질을 데치고 식힌 후 회의 곁들임 분량을 제외하고 모두 0.3×4cm로 채 썬다.

복어 껍질 전처리 및 가시 제거 방법 30p

3

복어껍질과 빨간무즙, 미나리를 넣고 폰즈로 간을 하여 무친다. 골고루 섞고 무침색깔을 확인한다.

4

완성접시에 무침을 산 모양으로 담는다.

5

실파, 빨간무즙을 올려 완성한다.

합격포인트

1_ **복어껍질은 데치고 나서 식힌 후 사용해야 끈적임을 줄일 수 있다.**

2_ **껍질 채와 미나리는 지급받은 전량을 무쳐서 완성한다(회 곁들임 껍질과 미나리는 남김).**

3_ **산 모양으로 담은 후 실파, 빨간무즙을 올려 완성한다(실파는 나중에 고명으로 올림).**

4_ **빨간무즙은 무칠 때와 담은 후 고명으로 약간 사용한다.**

복어죽

2과제-③ **ふぐぞうすい — 후구조스이**

요구사항

죽은 밥을 씻어 사용하고, 살은 가늘게 채 썰거나 뼈에 붙은 살을 발라내어 사용하고, 당근·표고버섯은 다지고, 뼈와 다시마로 다시를 만들고, 달걀은 완성 전에 넣어 섞어 주고, 실파와 채 썬 김을 얹어 완성하시오.

1
김은 도마가 말라있을 때, 처음부터 썰어 비닐에 담아 미리 준비한다.

2
당근과 표고는 다져주고 실파는 송송 썰어 준비한다.

3
복어 뼈는 데쳐서 이물질을 제거한다.

복어 전처리 방법 28p

4
다시마와 데친 복어 뼈, 물 600ml를 넣는다.

5
끓으면 다시마를 건져내고 불을 줄여 은근하게 복어 뼈 국물을 맑게 우려낸다.

6
복어 뼈는 건져내고 면보를 사용하여 복죽 다시물을 뽑아낸다.

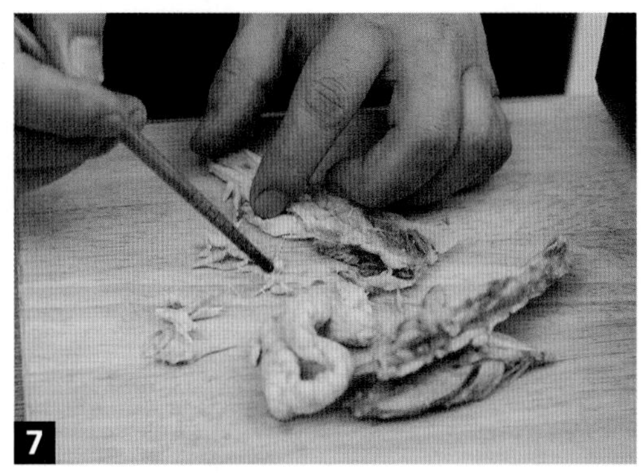

우려낸 복어 뼈는 젓가락을 사용하여 살을 분리한다.

지급받은 밥은 찰기를 제거하기 위해 흐르는 물로 씻어준다.

복어 다시물이 끓으면 씻은 밥을 넣는다.

죽이 끓으면 손질된 복어 살과 다진 당근과 표고를 넣어준다.

소금으로 간을 한다.

달걀은 전량을 풀어 준비하고 죽이 끓으면 마지막으로 고르게 펼쳐서 부어준다.

13
죽이 끓어오르면 거품을 걷어내고 그릇에 8부 정도 담는다.

14
채 썬 김과 실파를 올려 완성한다.

합격포인트

1_ 복어죽은 맑게 끓이는 일본식(조우스이:雑炊)이므로 절대로 우리의 죽 끓이듯이 밥이 퍼지게 끓이면 안 된다. 우리의 국밥처럼 밥알이 최대한 살아있어야 한다.
2_ 죽 다시물은 면보를 사용하여 걸러낸다.
3_ 지급받은 밥은 반드시 2회 이상 씻어서 찰기를 제거한다.

혼공비법 실전 6가지

혼공비법 레시피 요약

40분

혼공비법 실전 1탄

20분

실제로 시험은 두 가지 과제를 제출해야 하니까 두 가지 과제를 만드는 실전 연습은 여길 보세요!

생선초밥

① 생선류와 채소를 초밥용으로 손질
② 초밥초를 만들어 밥에 간하여 식히기
③ 곁들일 초생강 만들기
④ 쥔초밥 만들기
⑤ 생선초밥은 8개를 만들어 제출
⑥ 간장 곁들이기

소고기간장구이

① 양념간장과 생강채 준비
② 소고기 두께 1.5cm, 길이 3cm로 자르기
③ 프라이팬에 구이 후 양념간장을 발라 완성

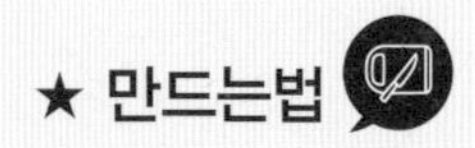

다시	물 200ml + 다시마 : 다시물 준비
소스	초밥초(식초 60ml, 설탕 40g, 소금 10g) → 와사비분(찬물에 개어두기) → 소고기간장구이 소스(다시물 100ml, 간장 50ml, 맛술 50ml, 청주 50ml, 설탕 30g)
채소 손질	깻잎(찬물) → 생강(얇게 편)
어패류 손질	소고기(힘줄 · 핏물 제거 후 소금, 후추 밑간) → 광어(껍질 벗겨 길이 7cm, 폭 2cm 2조각) → 참치(2조각) → 문어(삶아 식혀 물결모양으로 2조각) → 학꽁치(내장 · 가시 · 얇은 껍질 제거 후 등 쪽에 잔 칼집) → 도미(껍질 벗겨 2조각) → 새우(머리 제거 후 배 쪽에 대꼬챙이를 꽂아 삶기 → 찬물에 식히기 → 꼬챙이 제거하기 → 꼬리만 남기고 껍질 제거 → 배 쪽 칼집 넣어 펼쳐주기 → 내장 제거하기 → 찬물에 씻기 → 물기 제거 → 초밥초에 담그기 → 물기 제거)
조리	생강 데치고, 밥에 초밥초 30ml 섞고, 나머지는 생강에 절이기 → 소고기 초벌구이 → 끓여낸 소스, 소고기 익혀 미디움웰던 상태 → 두께 1.5cm, 길이 3cm로 자르기
담기	완성접시에 깻잎 깔고 고기 중앙에 올려 여분의 소스 끼얹어 산초가루 뿌려서 완성하기 와사비, 초밥, 생선을 활용하여 초밥 8개 만들고 깻잎, 초생강, 간장 담기

실제로 시험은 두 가지 과제를 제출해야 하니까 두 가지 과제를 만드는 실전 연습은 여길 보세요!

우동볶음(야키우동)

① 새우는 껍질과 내장을 제거하고 사용
② 오징어는 솔방울 무늬로 칼집을 넣어 1×4cm 크기로 썰어서 데쳐 사용
③ 우동은 데쳐서 사용하고 숙주를 제외한 나머지 채소는 4cm 길이로 썰어 사용
④ 하나가쓰오 고명

달걀말이

① 달걀과 가다랑어 국물(가쓰오다시), 소금, 설탕, 맛술(미림)을 섞은 후 체에 걸러 사용
② 젓가락을 사용하여 달걀말이를 한 후 김발을 이용하여 사각모양 만들기
③ 길이 8cm, 높이 2.5cm, 두께 1cm 정도로 썰어 8개를 만들기(완성되었을 때 틈새가 없도록)
④ 달걀말이(다시마끼)와 간장무즙을 접시에 보기 좋게 담아내기

★ 만드는법 

다시	물 100ml + 다시마 + 가쓰오부시 : 다시물 준비 → 50ml 재빨리 식히기
소스	달걀 6개 + 다시물 50ml, 설탕 20g, 맛술 20ml, 소금 5g을 섞어 체에 내리기(달걀말이)
채소 손질	깻잎(찬물) → 숙주(머리 · 꼬리 다듬기) → 양파 · 청피망 · 당근 · 표고버섯(1×4cm) → 우동(살짝 데치기) → 무즙(+간장)
어패류 손질	새우(머리 · 꼬리 · 내장 제거 후 데쳐 껍질 벗기기) → 오징어(껍질 벗겨 칼집, 1×4cm)
조리	달걀말이 팬 코팅 → 국자(40~50ml)로 달걀물 부어주며 반복해서 말기(반드시 젓가락으로만 말아주기) → 완성되면 김발로 감싸주기 → 팬에 식용유 두르고 당근, 생 표고버섯, 양파, 새우, 오징어, 소금을 먼저 넣고 볶다가 우동, 숙주, 청피망 → 청주 20ml, 간장 20ml, 미림 20ml → 참기름 5ml 넣고 살짝 볶아주기
담기	완성접시에 담고 위에 하나가쓰오를 올려서 마무리 달걀말이는 1cm 두께로 8등분, 무즙+간장, 깻잎과 함께 접시에 담아 완성하기

30분

20분

실제로 시험은 두 가지 과제를 제출해야 하니까 두 가지 과제를 만드는 실전 연습은 여길 보세요!

달걀찜

① 은행은 삶고, 밤은 구워서 사용
② 간장으로 밑간한 닭고기와 나머지 재료 1cm 크기로 데쳐 사용
③ 가다랑어포로 다시를 만들어 식혀서 달걀과 섞기
④ 레몬껍질과 쑥갓을 올려 마무리

참치김초밥

① 김을 반장으로 자르고, 눅눅하거나 구워지지 않은 김은 구워 사용하기
② 고추냉이와 초생강을 만들기
③ 초밥 2줄은 일정한 크기 12개로 자르기
④ 간장을 곁들여 내기

★ 만드는법

다시	물 200ml + 다시마 + 가쓰오부시 : 다시물 준비
소스	초밥초(식초 60ml, 설탕 40g, 소금 10g) → 와사비분(찬물에 개어두기)
채소 손질	깻잎(찬물) → 생강(얇게 편) → 죽순(사방 1cm) → 표고(사방 1cm) → 어묵(사방 1cm) → 은행(볶아 껍질 제거) → 쑥갓 잎(찬물) → 레몬(오리발)
어패류 손질	참치(미지근한 소금물, 1×1×20cm) → 닭고기(+간장), 흰생선살(+소금) → 새우(내장·껍질 제거) → 밤(껍질 제거 후 굽기)
조리	생강 데치기 → 밥에 초밥초 30ml 섞고, 나머지는 생강에 절이기 → 달걀찜 재료 데치기(죽순·표고·어묵·흰생선살·닭고기·새우) → 찜 그릇에 담기 → 달걀 1개, 다시물 120ml, 청주 10ml, 미림 10ml, 소금 약간 섞어 체에 내려 담고 호일로 입구 감싸기 → 끓는 물에 10분간 찌고, 다 익으면 쑥갓잎, 레몬오리발 얹고 뚜껑 덮고 30초간 뜸들이기 → 김은 반을 자르고 밥을 가지런히 올려 김 끝의 1.5cm 남기고 와사비, 참치 가운데에 올려 말아주기
담기	달걀찜 제출하기 참치 김초밥 각 6등분하여 12개로 자르고 깻잎, 초생강, 간장 담기

30분

20분

실제로 시험은 두 가지 과제를 제출해야 하니까 두 가지 과제를 만드는 실전 연습은 여길 보세요!

삼치소금구이

① 삼치는 세장 뜨기한 후 소금을 뿌려 10~20분 후 씻고 쇠꼬챙이에 끼워 구워 내기
② 채소는 각각 초담금 및 조림하기
③ 구이 그릇에 삼치소금구이와 곁들임을 담아 완성
④ 길이 10cm 크기로 2조각 제출

대합맑은국

① 조개 상태를 확인한 후 해감하여 사용
② 다시마와 백합조개를 넣어 끓으면 다시마를 건져내기

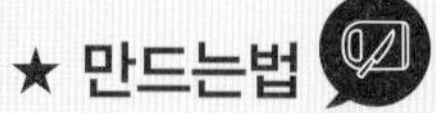

★ 만드는법

다시	물 100ml + 다시마 : 다시물 준비(우엉조림용) **여기서 잠깐 : 대합맑은국은 다시마와 조개를 같이 넣고 끓이므로 조리할 때 다시마를 사용한다.**
소스	우엉조림소스(다시물 60ml, 간장 30ml, 설탕 30g, 맛술 10ml) → 단촛물 만들기(무에 사용 : 식초 30ml, 설탕 20g, 소금 5g의 비율)
채소 손질	쑥갓 잎 손질, 깻잎(찬물 담금) → 레몬(오리발 모양) → 우엉손질(물에 담그기) → 무 잔 칼집 소금 절임
어패류 손질	백합조개는 소금물에 담가 해감 → 삼치 세 장 뜨기, 잔 칼집을 내기 소금뿌리기(2조각)
조리	물 300ml + 다시마와 백합조개를 넣고 끓임 → 끓으면 다시마 먼저 건지기 → 백합조개의 입이 벌어지면 불끄기 → 국물 체, 면보 사용하여 거르기 → 백합조개는 이물질을 제거하기 팬 사용 : 우엉 볶기 → 끓는 물에 데쳐 기름기 제거 → 조리기 무 소금기를 제거 → 단촛물 넣기 삼치 씻기 → 2개의 꼬챙이 꼽기 → 살 쪽부터 굽기 → 꼬챙이를 살살 돌려가며 굽기 → 껍질 쪽 굽기
담기	그릇에 조개 담기 → 국물 붓기 → 쑥갓과 레몬(오리발)을 넣어 완성하기 깻잎을 깔기 → 중앙에 구운 삼치 올리기 → 무, 레몬, 흰 참깨를 바른 우엉을 곁들여내기

실제로 시험은 두 가지 과제를 제출해야 하니까 두 가지 과제를 만드는 실전 연습은 여길 보세요!

도미술찜

① 머리는 반으로 자르고, 몸통은 세장 뜨기
② 손질한 도미살을 5~6cm로 자르고 소금을 뿌려, 머리와 꼬리는 데친 후 불순물을 제거
③ 청주를 섞은 다시에 쪄내기
④ 당근은 매화꽃, 무는 은행잎 모양으로 만들어 익히기
⑤ 폰즈와 야꾸미를 만들기

소고기덮밥

① 돈부리 다시를 만들어 사용
② 고기, 채소, 달걀은 재료 특성에 맞게 조리하여 준비한 밥 위에 올려놓기
③ 김을 구워 칼로 잘게 썰어(하리노리) 사용

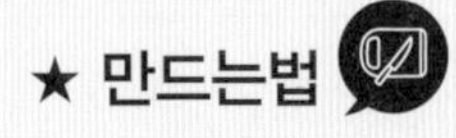

★ 만드는법

다시	물 200ml + 다시마 : 100ml의 다시물 준비 → 100ml의 다시물 + 가쓰오부시
소스	폰즈(다시 1, 간장 1, 식초 1), 야꾸미(빨간 무즙, 실파, 레몬) → 술찜다시(다시물 40ml, 청주 30ml, 소금 5g) → 돈부리 다시(다시물 75ml, 간장 15ml, 맛술 15ml, 설탕 10g, 소금 2g)
채소 손질	무(은행잎모양), 당근(매화꽃모양), 표고버섯(별모양), 죽순(빗살모양), 배추말이 → 모든 채소를 데치기(2/3 정도 익힘) → 두부는 1.5×4×3cm로 썰어주기 → 소고기 덮밥용 양파, 실파, 팽이버섯은 5cm로 썰어주고, 도미술찜용 실파는 송송썰기 → 김은 살짝 구워서 가늘게 4cm 길이로 썰어주기
어패류 손질	소고기는 핏물 제거 후 5×3×0.2cm 편으로 썰어주기 → 도미손질(비늘·아가미·내장 제거) 후 도미머리는 반으로 갈라서 소금 뿌리고, 몸통은 세장 뜨기 후 5cm, 꼬리는 4cm로 잘라서 소금 뿌리기 → 뜨거운 물을 부어 불순물을 제거 후 물에 씻어 한 번 더 머리 부분의 비늘을 제거 → 달걀은 약간의 소금을 넣어 가볍게 풀어주기
조리	찜 그릇에 배추, 두부, 도미, 당근, 표고버섯, 무, 죽순 순으로 담고 술찜 다시를 바닥에 잔잔하게 놓고 호일로 감싸서 찜통에 10분간 찌기 → 밥은 완성그릇에 미리 담아 놓기 → 냄비에 돈부리 다시(다시물 75ml, 간장 15ml, 맛술 15ml, 설탕 10g, 소금 2g)를 넣고 양파, 소고기를 펼쳐 놓기 → 소고기가 80% 정도 익으면 팽이버섯과 실파를 넣고 익혀주기 → 달걀물을 펼치듯 끼얹어주고 70% 익으면 불을 끈 후 밥 위에 그대로 얹어주기
담기	술찜 재료가 익음을 확인하고 쑥갓을 넣어 숨을 죽인 후 완성하기 소고기덮밥 위에 채 썬 김을 올려 마무리(마지막에 제출하기)

실제로 시험은 두 가지 과제를 제출해야 하니까 두 가지 과제를 만드는 실전 연습은 여길 보세요!

복어부위감별/복어회, 복어껍질초회, 복어죽(조우스이)

① 제시된 복어 부위별 사진을 보고 1분 이내에 명칭을 네모칸 안에 작성하여 제출
② 복어의 겉껍질과 속껍질을 분리하여 손질, 가시 제거
③ 회는 얇게 포를 떠 국화꽃 모양으로 돌려 담고, 지느러미·껍질·미나리를 곁들이고, 초간장과 양념을 따로 담아내기
④ 복어껍질초회는 껍질, 미나리를 4cm 길이로 썰어 폰즈, 실파·빨간무즙(모미지오로시)을 사용하여 무쳐내시오.
⑤ 죽은 밥을 씻어 사용, 살은 가늘게 채 썰거나 뼈에 붙은 살을 발라내어 사용, 당근·표고버섯은 다지고, 뼈와 다시마로 다시를 만들고, 달걀은 완성 전에 넣어 섞어주고, 실파와 채 썬 김을 얹어 완성

★ 만드는법

복어부위 감별	1분 이내로 복어 부위 12가지 명칭 작성 → 안구, 아가미, 심장, 신장, 위장, 부레, 비장, 간장, 담낭, 난소, 방광, 정소
다시	다시마와 데친 복어 뼈, 물 600ml : 복어죽 다시물 준비
소스	폰즈(다시물 1, 간장 1, 식초 1 비율로 넉넉하게 만들기) → 야꾸미[빨간 무즙(넉넉하게 만들기), 실파, 레몬]
채소손질	김은 3cm로 채 썰어 보관 → 당근·표고버섯은 0.3cm로 다지기 → 잎을 제거한 미나리는 길이 4cm로 자르고, 실파는 송송썰기(복어회, 복어껍질초회, 복어죽 용) → 밥은 흐르는 물에 씻어서 끈기를 제거 후 체에 올려 물기 제거
어패류 손질	(복어 전처리 과정은 앞부분 참고) 포를 뜬 복어 겉 부분의 질긴 막을 도려내고 소금물로 씻어 물기를 제거 → 질긴 막은 살짝 데쳐서 복어회의 나비 장식에 몸통으로 사용 → 가시를 제거한 껍질은 데치고 찬물에 담가 식혀 물기를 제거한 후 데바칼로 4×0.3cm 채 썰기 → 양 옆의 같은 모양의 지느러미는 씻은 후 접시에 펼쳐 나비 모양을 만들어 말려두기 → 복어회의 살의 높이가 3cm 이상이면 횡단면을 잘라 2등분하고, 꼬리에서 머리 쪽으로 포 뜨기 → **복어살은 4×0.3cm로 가늘게 채 썰거나 뼈에 붙은 살을 발라내어 준비(복어죽 용)** → 달걀(전량) 풀어서 준비→ 복어회칼은 눕혀 일정한 크기와 모양으로 회를 얇게 뜨고, 끝선을 접어서 최초 12시 방향에 담아놓고 접시를 시계반대방향으로 국화꽃모양의 회로 돌려 담기
조리	냄비에 복어 다시물을 붓고 끓으면 씻은 밥과 복어살 넣고 끓이기 → 당근·표고버섯을 넣고 소금 간을 한 후 달걀은 완성 전에 넣어 가볍게 섞어 익혀주기 → 믹싱볼에 복 껍질과 빨간 무즙, 미나리, 실파를 넣고 폰즈로 간을 하여 무치기 → 골고루 섞고 색깔을 확인
담기	복어회를 담은 후 지느러미를 이용하여 국화 모양의 중앙에 나비 날개를 만들고, 데친 살은 나비 몸통, 채 썬 껍질과 미나리를 담고 폰즈·야쿠미와 함께 완성하기 → 완성그릇에 복어죽을 담고 실파와 채 썬 김을 올려 완성 → 완성접시에 복어껍질초회 무침을 산 모양으로 담고 송송 썬 실파와 여분의 빨간 무즙을 올려 완성하기

혼공비법

혼공비법

혼공비법

혼공비법

혼공비법

일식조리기능사 실기

점선을 따라 잘라 활용하는

레시피 요약

갑오징어명란무침

1. 끓는 물에 소금을 넣고 갑오징어를 데치고 찬물에 식히기
2. 갑오징어의 물기를 제거하고 5×0.3×0.3cm로 자르기
3. 명란젓(알만 사용)
4. 무침 그릇(갑오징어 채 2, 명란젓 1 비율)에 섞어주고, 무순은 끝선 가지런히 다듬기
5. 준비된 완성그릇에 깻잎 → 갑오징어명란무침 → (앞쪽에) 무순 순으로 담아서 완성하기

참치김초밥

1. 초밥초(식초 60ml, 설탕 40g, 소금 10g) → 와사비분(찬물에 개기)
2. 깻잎(찬물) → 생강(얇게 편)
3. 참치(미지근한 소금물에 담근 후 물기 제거, 1×1×20cm 2개)
4. 생강 데치고, 뜨거운 밥에 초밥초 30ml 섞고, 나머지는 생강에 절이기
5. 김은 반으로 자르고 김발에 김을 놓은 후 김 끝의 1.5cm 정도로 남기고 밥을 고르게 펴서 와사비, 참치를 가운데에 올려 말아주기
6. 완성접시에 참치김초밥 12등분, 깻잎, 초생강, 간장(종지) 완성하기

소고기간장구이

1. 물 200ml+다시마 : 다시물 준비
2. 소스(다시물 100ml, 간장 50ml, 맛술 50ml, 청주 50ml, 설탕 30g) → 깻잎(찬물), 생강(최대한 가늘게 채 썰어 찬물)
3. 소고기(힘줄·핏물 제거 후 소금, 후추 밑간) → 소고기 초벌구이 → 끓여낸 소스, 소고기 익혀 미디움 웰던 상태로 조리기 → 두께 1.5cm, 길이 3cm로 자르기
4. 완성접시에 깻잎 깔고 고기 중앙에 올려 여분의 소스 끼얹어 산초가루를 뿌리고 접시의 오른쪽 하단에 채 썬 생강을 올려 완성하기

해삼초회

20분

1. 물 100ml + 다시마 + 가쓰오부시 : 다시물 준비
2. 폰즈(가쓰오다시 10ml, 식초 10ml, 간장 10ml) → 빨간 무즙, 실파, 레몬(반달) 준비
3. 오이는 소금으로 문질러 씻어 자바라 썰기 후 소금물에 절여 2cm로 썰어 비틀어 모양 잡기(2조각) → 건미역은 물에 불려 끓는 소금물에 살짝 데쳐 김발로 말아 4~5cm로 썰기(2조각)
4. 해삼은 배를 갈라 내장, 모래, 힘줄을 제거하고 양끝(입, 항문)을 잘라내기 → 손질한 해삼은 소금물에 헹군 후 2cm로 썰어주기
5. 완성그릇에 해삼-오이-미역 담아 폰즈를 끼얹어 주고, 빨간 무즙, 실파, 레몬(반달) 함께 곁들여 완성하기

문어초회

1. 물 100ml + 다시마 + 가쓰오부시 : 다시물 준비
2. 도사스(다시물 90ml, 설탕 10g, 진간장 15ml, 식초 15ml) 준비
3. 오이는 소금으로 문질러 씻어 자바라 썰기 후 소금물에 절여 2cm로 썰어 비틀어 모양 잡기(2조각) → 건미역은 물에 불려 끓는 소금물에 살짝 데쳐 김발로 말아 4~5cm로 썰기(2조각)
4. 문어는 소금으로 이물질을 제거하고, 끓는 물에 간장, 식초를 넣어 5분 정도 삶기 → 삶은 문어의 껍질을 제거한 후 촉수 주변에 잔 칼집을 그어 다리부분의 껍질을 제거 → 잔물결모양을 내면서 4~5cm로 썰어주기
5. 그릇에 오이-미역-문어-레몬(반달) 순으로 담고 준비된 도사스를 얹어 완성하기

대합맑은국

1. 레몬(오리발 모양), 쑥갓(잎) : 찬물
2. 백합조개는 소금물에 담가 해감
3. 물 300ml + 다시마와 백합조개를 넣고 끓임 → 끓으면 다시마 먼저 건지기 → 백합조개의 입이 벌어지면 불끄기 → 국물을 체+면보 사용하여 거르기 → 백합조개는 껍질 한쪽과 이물질을 제거
4. 그릇에 조개 담기 → 국물 붓기 → 쑥갓과 레몬(오리발)을 넣어 완성하기

된장국

1. 물 400ml + 다시마 + 가쓰오부시 : 다시물 준비
2. 실파(송송 썰기), 건미역(1cm)과 두부(1×1×1cm)는 살짝 데쳐내기
3. 냄비에 가쓰오 다시물 300ml + 일본된장 20g → 청주 20ml 넣고 살짝 끓여 체에 걸러내기
4. 된장국 완성 그릇에 두부, 미역, 실파를 담고, 국물을 8부 부어낸 후 산초가루 살짝 뿌려 완성하기

전복버터구이

1. 양파, 청피망은 3×3cm로 썰어주기 → 은행은 팬에 기름을 두르고 볶아 껍질 제거
2. 전복은 소금으로 문질러 표면의 이물질을 제거 후 스푼을 사용해 껍질과 살을 분리(내장, 몸통 따로 분리) → 전복의 표면에 잔 칼집을 넣고 옆으로 길이 4cm로 썰기
   전복 내장만 데치는 거고, 몸통부분은 데치지 않습니다.
3. 전복 내장의 버선모양 부분의 끝부분(쓸개)을 잘라 제거하고 끓는 물에 데치기 → 팬에 기름을 두르고 양파–전복–내장–은행–청피망 순으로 볶기 → 버터, 소금 5g, 청주 20ml, 후추를 넣어 살짝 볶아주기
4. 접시의 왼쪽 상단에 깻잎을 올리고 담아서 완성하기

달걀말이

1. 물 100ml + 다시마 + 가쓰오부시 : 다시물 준비 → 50ml 재빨리 식히기
2. 달걀 6개+다시물 50ml, 설탕 20g, 맛술 20ml, 소금 5g을 섞어 체에 내리기
3. 깻잎(찬물) → 무즙(+간장)
4. 달걀말이 팬 코팅 → 국자(40~50ml)로 달걀물 부어주며 반복해서 말기(반드시 젓가락으로만) → 완성되면 김발로 감싸주기
5. 달걀말이는 1cm 두께로 8등분, 깻잎, 무즙(+간장)과 함께 접시에 담아 완성하기

김초밥

1. 초밥초(식초 60ml, 설탕 40g, 소금 10g) → 와사비분(찬물에 개기)
2. 깻잎(찬물) → 생강(얇게 편) → 박고지는 물에 삶아 부드럽게 만들어두기 → 오이는 가시, 씨를 제거하고 김 길이에 맞게 잘라 소금에 절이기
3. 생강 데치고, 뜨거운 밥에 초밥초 30ml 섞고, 나머지는 생강에 절이기 → 삶은 박고지는 물 60ml, 간장 15ml, 설탕 15g, 미림 5ml을 넣고 조리기 → 달걀 2개 풀어서 물 20ml, 설탕 5g, 맛술 5ml을 넣고 섞은 후 체에 내려 말아서 김발에 놓고 모양 잡기 → 김발에 김을 놓은 후 김 끝의 3cm 정도로 남기고 밥을 고르게 펴서 밥 가운데를 살짝 눌러 오보로를 바르고, 오이, 박고지, 달걀말이를 놓고 밥의 끝과 끝이 맞닿게 한 번에 말아주기 → 양 끝의 밥을 안으로 밀어 넣어 정리하기
4. 완성접시에 김초밥 8등분, 깻잎, 초생강, 간장(종지) 완성하기

달걀찜

1. 물 200ml + 다시마 + 가쓰오부시 : 다시물 준비
2. 죽순(사방 1cm) → 표고(사방 1cm) → 어묵(사방 1cm) → 은행(데쳐 껍질 제거) → 쑥갓 잎(찬물) → 레몬(오리발)
3. 흰생선살(+소금), 닭고기(+간장) → 새우(내장·껍질 제거) → 밤(껍질 제거 후 굽기)
4. 재료 데치기(죽순–표고–어묵–새우살–흰생선살–닭고기) → 찜 그릇에 담기 → 달걀 1개+다시물 120ml, 청주 10ml, 미림 10ml, 소금 약간 섞어 체에 내려 담고 호일로 입구 감싸기
5. 끓는 물에 10~12분간 찌고, 다 익으면 쑥갓 잎, 레몬(오리발) 얹고 뚜껑 덮고 30초간 뜸들이기

삼치소금구이

1. 물 100ml+다시마 : 다시물 준비(우엉조림용)
2. 우엉조림소스(다시물 60ml, 간장 30ml, 설탕 30g, 맛술 10ml) → 단촛물(무에 사용 : 식초 30ml, 설탕 20g, 소금 5g)
3. 우엉(6cm 길이로 4조각, 찬물) → 무는 잔 칼집 넣어 소금에 절이기
4. 삼치는 세장 뜨기 후 껍질 쪽에 잔 칼집을 내고 소금 뿌리기(2조각)
5. 우엉 볶기 → 끓는 물에 데쳐 기름기 제거 → 소스에 조리기 → 무 소금기 제거 후 단촛물에 담그기 → 삼치 씻기 → 2조각을 쇠꼬챙이에 꼽기 → 살 쪽부터 굽기 → 쇠꼬챙이를 살살 돌려가며 굽기 → 껍질 쪽 굽기
6. 완성그릇에 깻잎 깔기 → 중앙에 구운 삼치 올리기 → 무, 레몬, 흰 참깨를 바른 우엉을 곁들여 완성하기

소고기덮밥

1. 물 100ml + 다시마 + 가쓰오부시 : 다시물 준비
2. 양파, 실파, 팽이버섯은 5cm로 썰고, 김은 살짝 구워 가늘게 4cm로 정리
3. 소고기는 핏물 제거 후 5×3×0.2cm 편으로 썰기 → 달걀은 약간의 소금을 넣어 가볍게 풀어주기
4. 밥은 완성그릇에 미리 담아 놓기 → 냄비에 돈부리 다시(다시물 75ml, 간장 15ml, 맛술 15ml, 설탕 10g, 소금 2g)를 넣고 양파, 소고기를 펼쳐 놓기 → 소고기가 80% 정도 익으면 팽이버섯과 실파를 넣고 익혀주기 → 달걀물을 펼치듯 끼얹어주고 70% 익으면 불을 끈 후 밥 위에 그대로 얹어주기
5. 소고기덮밥 위에 채 썬 김을 올려 완성하기(마지막에 제출할 것)

우동볶음(야키우동)

1. 숙주(머리 · 꼬리 다듬기) → 양파 · 청피망 · 당근 · 표고버섯(1×4cm) → 우동(살짝 데치기)
2. 새우(머리 · 꼬리 · 내장 제거 후 데쳐 껍질 벗기기) → 오징어(껍질 벗겨 칼집 넣고 1×4cm)
3. 팬에 식용유 두르고 당근-표고버섯-양파-새우-오징어 순으로 소금을 넣고 볶다가 우동-숙주-청피망 넣고 청주 20ml, 간장 20ml, 미림 20ml → 참기름 5ml 넣고 살짝 볶아주기
4. 완성접시에 담고 위에 하나가쓰오를 올려서 완성하기

메밀국수(자루소바)

1. 물 300ml + 다시마 + 가쓰오부시 : 다시물 준비
2. 소바다시(가쓰오다시 210ml, 간장 30ml, 설탕 25g, 청주 15ml, 미림 10ml 넣고 끓인 후 차게 식히기) → 야꾸미(무는 강판에 갈아 수분을 빼고(무즙), 실파는 0.3cm로 곱게 송송 썰어 찬물에 헹궈 면보에 물기를 제거(실파), 와시비분은 찬물에 개어 뭉치기(와사비) = 종지그릇에 담기
3. 메밀국수 삶기 → 삶은 메밀국수는 찬 얼음물에 여러 번 헹궈 김발 위에 사리 2개 쥐어 담기
4. 김은 살짝 구워서 가늘게 5cm 채 썰어 면 위에 올리고, 소바다시, 야꾸미는 각각 담아 완성하기

도미조림

30분

1. 물 300ml+다시마 : 다시물 준비
2. 우엉은 껍질을 벗겨 6cm 젓가락 굵기로 썰어 찬물, 꽈리고추는 꼭지를 떼어 놓기 → 생강은 최대한 가늘게 채 썰어 찬물
3. 도미손질(비늘·아가미·내장 제거) 후 도미머리는 반으로 갈라서 소금 뿌리고, 몸통·꼬리는 5~6cm로 잘라서 소금 뿌리기 → 뜨거운 물을 부어 불순물을 제거 후 물에 씻어 한 번 더 머리 부분의 비늘을 제거하기
4. 냄비에 우엉을 넣고 도미를 그 위에 놓은 후 다시물 200ml, 청주 50ml, 맛술 50ml, 설탕 60g 넣고 호일 뚜껑으로 덮기 → 국물의 농도가 진하고 끈적인 상태가 되었으면 간장 90ml 넣고 조리기 → 국물 4숟가락 정도 남으면 꽈리고추 넣고 숟가락으로 국물을 끼얹는 동작을 반복하며 윤기 나게 조리기
5. 그릇 중앙에 몸통-머리-꼬리 순으로 담고 조려진 국물을 붓기 → 접시 앞쪽에 우엉, 꽈리고추를 담고 채 썬 생강을 오른쪽 하단에 산 모양으로 담아 완성하기

도미술찜

1. 물 100ml+다시마 : 다시물 준비
2. 폰즈(다시 1, 간장 1, 식초 1), 야꾸미(빨간 무즙, 실파, 레몬) → 술찜다시(다시 40ml, 청주 30ml, 소금 5g)
3. 무(은행잎모양), 당근(매화꽃모양), 표고버섯(별모양), 죽순(빗살무늬), 배추말이 → 모든 채소를 데치기(2/3 정도 익힘) → 두부 1.5×4×3cm 썰어주기
4. 도미손질(비늘·아가미·내장 제거) 후 도미머리는 반으로 갈라서 소금 뿌리고, 몸통은 세장 뜨기 후 5cm, 꼬리는 4cm로 잘라서 소금 뿌리기 → 뜨거운 물을 부어 불순물 제거 후 물에 씻어 한 번 더 머리 부분의 비늘 제거하기
5. 찜 그릇에 배추말이-두부-도미-당근-표고버섯-무-죽순 순으로 담고 술찜다시를 바닥에 잔잔하게 부어주고 호일을 감싸서 찜통에 10분간 찌기
6. 술찜 재료가 익음을 확인하고 쑥갓을 넣어 숨을 살짝 죽인 후 완성하기(폰즈, 야꾸미 함께 제출)

도미머리맑은국

1. 물 300ml+다시마 : 다시물 준비
2. 죽순 5×0.2×2cm 정도 부채모양으로 잘라 데치기 → 대파는 흰 부분만 5cm로 바늘처럼 가늘게 채 썰어 3~4번 씻어주기 → 레몬(오리발 모양)
3. 도미손질(비늘·아가미·내장 제거) 후 도미머리는 반으로 갈라서 소금 뿌리기 → 뜨거운 물을 부어 불순물을 제거 후 물에 씻어 한 번 더 머리 부분의 비늘을 제거(반드시 머리 2쪽만 사용)
4. 냄비에 다시물 200ml, 도미머리를 넣고 끓이다가 청주 5ml, 소금 3g, 간장 3ml 넣어 간을 하고 죽순 넣기 → 그릇에 도미머리와 죽순을 먼저 담고 국물은 면보에 걸러 8부 붓기
5. 도미머리 위에 채 썬 대파와 레몬 오리발을 올려 완성하기

생선초밥

1. 초밥초(식초 60ml, 설탕 40g, 소금 10g) → 와사비분(찬물에 개기)
2. 깻잎(찬물) → 생강(얇게 편)
3. 광어(껍질 벗겨 길이 7cm, 폭 2cm로 2조각) → 참치(2조각) → 문어(삶아 식혀 물결모양으로 2조각) → 학꽁치(내장·가시·얇은 껍질막 제거 후 등쪽에 잔 칼집) → 도미(껍질 벗겨 2조각) → 새우(머리 제거 후 배 쪽에 대꼬챙이를 꽂아 삶기-찬물에 식히기-꼬챙이 제거하기-꼬리만 남기고 껍질 제거-배 쪽 칼집 넣어 펼쳐주기-내장 제거-찬물에 씻기-물기제거-초밥초에 담그기-물기 제거)
4. 생강 데치고, 뜨거운 밥에 초밥초 30ml 섞고, 나머지는 생강에 절이기
5. 와사비, 초밥, 생선을 활용하여 생선초밥 8개 만들고 깻잎, 초생강, 간장(종지) 완성하기

복어조리기능사 실기

점선을 따라 잘라 활용하는

레시피 요약

복어회

1. 폰즈(다시물 1, 간장 1, 식초 1)는 넉넉하게 만들기 → 야꾸미[빨간 무즙(넉넉하게 만들기), 실파(송송 썰기), 레몬(반달)]
2. 잎을 제거한 미나리는 길이 4cm로 자르기(복어회, 복어껍질초회용)
3. 포를 뜬 복어 겉 부분의 질긴 막을 도려내고 소금물에 씻어 물기를 제거 → 질긴 막은 살짝 데쳐서 복어회의 나비장식에 몸통으로 사용 → 가시를 제거한 껍질은 데치고 찬물에 담가 식혀 물기를 제거한 후 데바칼로 4×0.3cm 채 썰기 → 양 옆의 같은 모양의 지느러미는 씻은 후 접시에 펼쳐 나비 모양을 만들어 말려두기 → 복어회 살의 높이가 3cm 이상이면 횡단면을 잘라 2등분하고, 꼬리에서 머리 쪽으로 포 뜨기 → 사시미칼을 최대한 눕혀 회를 얇게 뜨고, 끝선을 접어서 최초 12시 방향에 담아놓고 접시를 시계반대방향으로 국화꽃모양으로 돌려 담기
4. 복어회를 담은 후 지느러미를 이용하여 국화 모양의 중앙에 나비 날개를 만들고, 데친 살은 나비 몸통, 채 썬 껍질과 미나리를 담고 폰즈·야꾸미와 함께 완성하기

복어껍질초회

1. 잎을 제거한 미나리는 길이 4cm로 자르기 → 실파는 송송썰기 → 폰즈, 빨간 무즙 준비
2. 복 껍질은 데바칼로 4×0.3cm로 썰기 → 복 껍질과 빨간 무즙, 미나리를 넣고 폰즈로 간을 하여 무치기 → 골고루 섞고 색깔을 확인하기
3. 완성접시에 무침을 산 모양으로 담기 → 실파, 여분의 빨간 무즙을 위에 올려 완성하기

복어죽(조우스이)

1. 도마가 젖기 전에 김은 3cm로 채 썰기(봉지에 넣어 젖지 않게 유의)
2. 물 200ml+복어뼈+다시마 : 다시물 준비
3. 달걀은 전량 풀어서 준비 → 복어살은 4×0.3cm로 가늘게 채 썰거나 뼈에 붙은 살을 발라내어 사용
4. 당근·표고버섯은 0.3cm로 다지기 → 실파는 송송 썰기 → 밥은 흐르는 물에 씻어서 끈기를 제거하고 체에 올려 물기를 제거
5. 냄비에 다시물을 붓고 끓으면 밥과 복어살 넣고 끓이다가 → 당근·표고버섯을 넣고 소금 간을 한 후 달걀은 완성 전에 넣어 가볍게 섞어 익혀주기
6. 완성그릇에 담고 실파와 채 썬 김을 올려 완성하기

국가기술자격 실기시험 답안지

자격종목 (1과제)	복어조리기능사 (복어부위감별)	비번호		감독확인	

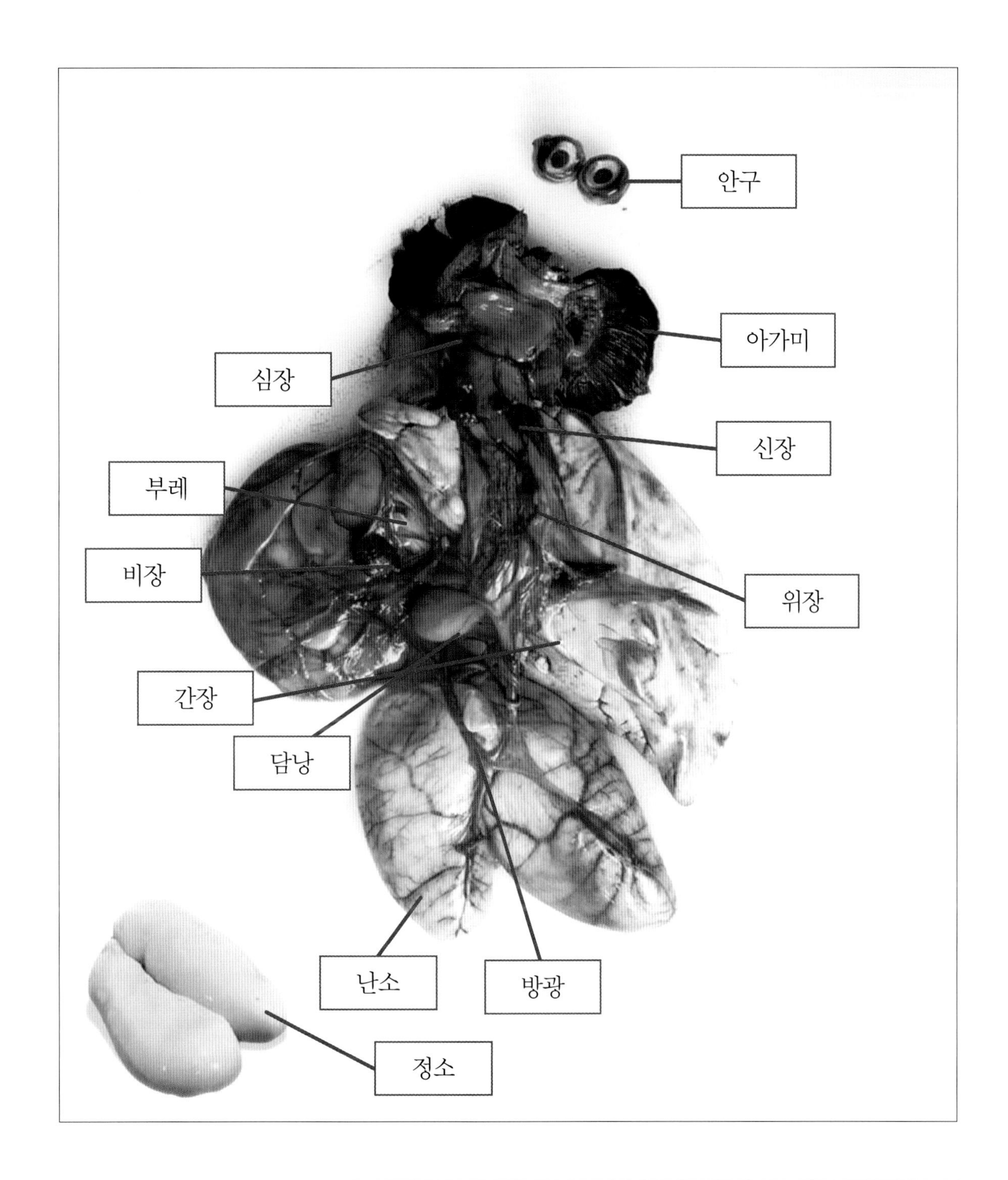

틀린 개수	개	득점	점

국가기술자격 실기시험 답안지

자격종목 (1과제)	복어조리기능사 (복어부위감별)	비번호		감독확인	

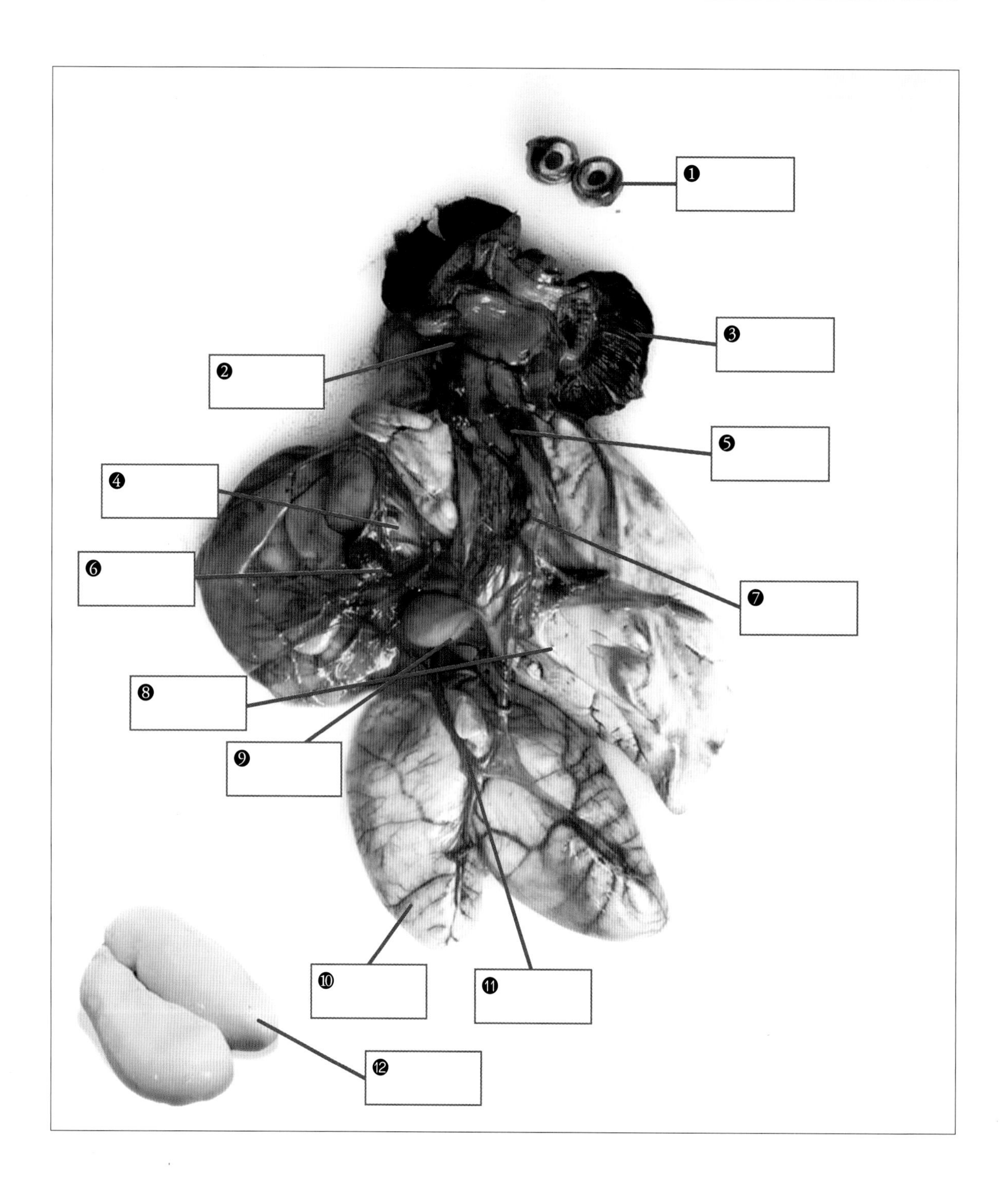

틀린 개수	개	득점	점